Hundert Jahre Dieselmotor

Rudolf Diesel 1858–1913

Hans-Jürgen Reuß

HUNDERT JAHRE DIESELMOTOR

Idee · Patente · Lizenzen · Verbreitung

Franckh-Kosmos

Herausgegeben von der Forschungsvereinigung Verbrennungskraftmaschinen e. V. und der Fachgemeinschaft Kraftmaschinen im VDMA, beide Frankfurt/Main

Mit 12 Farbfotos und 38 Schwarzweißfotos im Text.
Die Aufnahmen stammen aus folgenden Archiven (die Zahlen bezeichnen die Seiten): Blohm + Voss 96, EAC 28, Hatz 102, KHD 12, 22, 23, 43, 45, 61, 80, 81, 104 u., Krauss-Maffei 67, Krupp 53, 54, Krupp MaK 103, 104 o., Lloyd-Werft 97, MAN 2, 9, 14, 15, 17, 18, 19, 20, 24, 59, 75, 76, 93, 94, 95, Mercedes-Benz 73, 74, 78, MTU 49, 50, 69, 98, 99, MWM 47, 101, Peugeot 77, Saurer 71, Deutsches Museum 83 (2)

Recherche: Karl-Peter Wiemer, Solingen

Lektorat und Herstellung: Siegfried Fischer, Stuttgart

Umschlaggestaltung Atelier Reichert, Stuttgart, unter Mitarbeit von Hopfer Industriewerbung, Neusäß

Die Deutsche Bibliothek – CIP-Einheitsaufnahme
Reuss, Hans-Jürgen:
Hundert Jahre Dieselmotor : Idee, Patente, Lizenzen, Verbreitung / Hans-Jürgen Reuss. – Stuttgart : Franckh-Kosmos, 1993
ISBN 3–440–06641–X

ISBN 3-440-06641-X
Printed in Germany/Imprimé en Allemagne
Satz: Typobauer Filmsatz GmbH, Ostfildern
Druck und buchbinderische Verarbeitung:
Neue Stalling GmbH & Co KG, Oldenburg

Hundert Jahre Dieselmotor

Vorwort

»Diesel« ist heute weltweit der Begriff für eine Antriebsmaschine, deren Wirtschaftlichkeit unübertroffen ist. In den hundert Jahren seit der Beurkundung des ersten Patentes auf den Motor, dem Rudolf Diesel seinen Namen gab, hat es dazu keine Alternative gegeben.
Die Forschungsvereinigung Verbrennungskraftmaschinen e.V. (FVV), 1956 von Mitgliedern der Fachgemeinschaft Kraftmaschinen des VDMA gegründet, und die Fachgemeinschaft Kraftmaschinen haben den hundertsten Jahrestag der Beurkundung des ersten Dieselmotorenpatentes DRP 67207, am 23. Februar 1893, zum Anlaß genommen, der Frage nachzugehen, welche Umstände im historischen Rückblick entscheidend dazu beigetragen haben, daß der Dieselmotor eine beeindruckend schnelle Verbreitung von Augsburg in die Welt erfahren hat.
Diese neue und bisher in der Literatur nicht verfolgte Fragestellung führte zwangsläufig sowohl zu einer selektiven Nutzung der verfügbaren Quellen als auch zu ihrer teilweisen Neuinterpretation. Sie ließ durchgehend weder einen biographischen noch einen im engeren Sinne technikgeschichtlichen Ansatz zu, so daß eine umfassende Würdigung der großen Leistungen Rudolf Diesels und seiner Partner in der frühen Phase, bis zur Jahrhundertwende – MAN und Krupp – in diesem Zusammenhang nicht möglich war. Viele deutsche und ausländische Dieselmotorenhersteller, die alle auf ihrem Sektor zweifellos zur Verbreitung des Motors beigetragen haben, konnten nicht oder nur am Rande erwähnt in die Betrachtung einfließen. Aus Deutschland gehören dazu zum Beispiel Güldner, die Hanseatische Motoren-Gesellschaft, Hatz, Jastram, Kaelble, Körting, die Modag, die Motorenfabrik München-Sendling, Schlüter und viele andere. Einige von ihnen nahmen den Dieselmotorenbau bereits kurz nach Ablauf der Hauptpatente von Rudolf Diesel 1907/08 auf. Die meisten existieren heute nicht mehr oder sind in anderen Unternehmen aufgegangen. Für 1914 werden 206 »Fabriken« genannt, die Otto- und Dieselmotoren herstellten. Davon waren 1958 nur noch 25 im VDMA-Katalog »Deutsche Verbrennungsmotoren« enthalten. Die Ausgabe von 1992 nennt 19 Dieselmotorenhersteller.
Entscheidend für die Auswertung der Quellen war ausschließlich, welche innovativen Leistungen oder welche vertraglichen Vereinbarungen in ihrer Umsetzung spontan oder im späteren Verlauf zur Verbreitung des Dieselmotors beigetragen haben. Für die ersten fünfzig Jahre konnten die Zusammenhänge daher wesentlich dichter und detaillierter dargestellt werden, als dies für die Zeit nach 1945 möglich war.
Daneben waren für die Interpretation der Quellen die Anwendungsbereiche des Dieselmotors von Belang, ohne daß dies zu einer intensiven Behandlung des Land- und Baumaschinensektors führte. Für diese Sektoren war die Darstellung der technischen Innovation selbst – des schnellaufenden Dieselmotors – von größerer Bedeutung.
Das Lizenzwesen war in mehrfacher Hinsicht für die Verbreitung des Dieselmotors von Bedeutung. Sowohl die Lizenzverträge mit Konditionen, die das Interesse des Lizenznehmers einschränkten, als auch solche, in denen für Lizenzgeber und Lizenznehmer profitable Konditionen vereinbart wurden – wie ab 1918 bei der MAN – schufen entscheidende Voraussetzungen für die Verbreitung des Dieselmotors. Der Lizenzpolitik wird daher gebührend Raum gewidmet.
Hundert Jahre nach der Beurkundung des ersten Patentes auf den Dieselmotor kann festgestellt werden, daß der Motor weltweit verbreitet ist. Er hat sich – ohne allerdings ganz die Vorstellungen von Rudolf Diesel zu erfüllen – seine Anwendungsbereiche erobert: Stationäre Anlagen, Schiffe, Nutzfahrzeuge und Omnibusse, Personenwagen, Land- und Baumaschinen, Schienen- und Sonderfahrzeuge und den Untertagebereich. Während die Dampfmaschine vom Dieselmotor vollständig verdrängt wurde, blieben dem Ottomotor einige Felder erhalten: Antriebe für Flugzeuge, Boote, Personenwagen und Motorräder sowie kleine Geräte aller Art.

Die volkswirtschaftliche Bedeutung des Dieselmotors in den vergangenen hundert Jahren konnte entgegen einer ursprünglichen Absicht wegen der unzureichenden Quellenlage nicht berücksichtigt werden: In den relevanten Statistiken bis 1945 sind durchgehend »Motoren« ohne Differenzierung nach Otto oder Diesel aufgenommen. Für die hier zu behandelnde Frage nach der Verbreitung des Dieselmotors waren auch zahlreiche Statistiken aus der Zeit nach 1945, in denen die Motoren nach Gewicht spezifiziert wurden, ungeeignet. Eine vergleichende Betrachtung über einen größeren Zeitraum war daher nicht möglich.

Wenn in dieser Untersuchung einzelne Themen, die nach allgemeiner Anschauung unbedingt zum Dieselmotor gehören, nicht behandelt werden, so liegt das nicht am mangelnden Interesse oder Vorbehalten des Autors. U-Boot-Antriebe haben zum Beispiel in Deutschland viele Jahre eine bedeutende Rolle gespielt. Der Versailler Vertrag unterband nach dem Ersten Weltkrieg jedoch ihre weitere Entwicklung. Der mit ihnen erreichte technische Fortschritt brachte bei den nach 1918 einsetzenden Schiffsmotorenentwicklungen keine solchen Sprünge, die unmittelbaren Einfluß auf die Verbreitung des Motors hatten.

Wertvolle sachliche Anregungen verdankt der Autor Lyle Cummins Jr., Karl-Peter Wiemer und Dr. Renate Köhne-Lindenlaub. Ein besonderer Dank gilt – stellvertretend für alle Archivare, die bei der Recherche bereitwillig ihr Material zur Verfügung stellten – Josef Wittmann, dem Archivar der MAN Aktiengesellschaft. Er hatte eine Fülle von Fragen zu beantworten und ist in seinem Archiv den letzten Details nachgegangen. Eingeschlossen in den Dank sind auch die Herren aus Forschung und Industrie, mit denen einzelne Abschnitte des Buches besprochen werden konnten sowie meine Tochter Hilke für die Erstellung des Manuskriptes und meine Frau Christa für die Bearbeitung der vielfältigen Korrekturgänge, die ein solches Manuskript nehmen muß. Den Herren der FVV und der Fachgemeinschaft Kraftmaschinen danke ich für die interessante Aufgabenstellung, die mich in einen Bereich früherer Aufgaben in der Industrie zurückgeführt hat, dem ich unverändert mit großem Interesse verbunden bin.

Meckenbeuren, im Dezember 1992
Hans-Jürgen Reuß

Einleitung

Vielen Patenten aus der Frühzeit des Patentrechts haftet aus heutiger Sicht der Mangel an, daß sie wenig realitätsbezogen aufgesetzt sind. Sie verkünden eine Idee, die, selbst wenn eine Berechnung zugrunde liegt, keineswegs umsetzbar sein muß. Das trifft für Teile des berühmten DRP 532 von Nicolaus August Otto ebenso zu wie für das DRP 67207 von Rudolf Diesel. Ottos Patent für den nach ihm benannten Motor wurde am 4. August 1877 erteilt. Das Reichsgericht hob neun Jahre später die wesentlichen Ansprüche 1 bis 4 auf und ließ nur den Anspruch 5 für die Ausführung bestehen, ohne daß damit die Priorität Ottos bestritten wurde.
Rudolf Diesel erging es mit dem DRP 67207 und dem DRP 82168 rund 15 Jahre später wesentlich besser. Seine Patente waren nach Ablauf der fünfjährigen Einspruchsfrist trotz aller Mängel, die sie hinsichtlich ihrer Realisierbarkeit enthielten, unanfechtbar. Sie schützten seine Idee zumindest zehn Jahre. Das am 23. Februar 1893 beurkundete Patent DRP 67207 war, wie Diesel selbst bald erkannte, nicht umsetzbar. Danach ließ sich kein betriebsfähiger Motor bauen, schon gar nicht mit dem Anspruch der größten bislang erreichten Wirtschaftlichkeit. Die Tragik dieses Patentes liegt ausschließlich in der Verknüpfung der grundlegenden Idee des Motors mit dem sogenannten Carnot-Prozeß.[1)] Ohne diese Verknüpfung beschreibt der Anspruch 1 des Patentes das Dieselverfahren so, wie die Definition auch heute noch sinngemäß lautet: »Arbeitsverfahren für Verbrennungskraftmaschinen, gekennzeichnet dadurch, daß in einem Zylinder vom Arbeitskolben reine Luft ... so stark verdichtet wird, daß die hierdurch entstandene Temperatur weit über der Entzündungstemperatur des zu benutzenden Brennstoffes liegt (...), worauf die Brennstoffzufuhr vom todten Punkte ab so allmälig stattfindet, daß die Verbrennung wegen des ausschiebenden Kolbens und der dadurch bewirkten Expansion der verdichteten Luft (...) ohne wesentliche Druck- und Temperaturerhöhung erfolgt, worauf nach Abschluß der Brennstoffzufuhr die weitere Expansion der im Arbeitszylinder befindlichen Gasmasse stattfindet.«
Nicht zutreffend für den Dieselmotor, gleichgültig ob aus der Frühzeit oder von heute, ist lediglich die Aussage zur Druck- und Temperaturerhöhung. Unvermeidlich erfolgt eine deutliche Druck- und Temperaturerhöhung nach der Brennstoffzufuhr. Und das sind die Arbeitsbedingungen, die Diesel sich im zweiten Patent, dem DRP 82168, schützen ließ, auch wenn dies nicht direkt aus Anspruch 1 des Patentes zu erkennen ist. Die vorhergehende Beschreibung erläutert recht genau die Auswirkungen »bei höherem Überdruck« als dem Kompressionsdruck auf die Größe des Arbeitsdiagramms und damit auf die nutzbare Leistung des Motors.
Für Diesels Werk sind beide Patente im Zusammenhang zu sehen, wobei die Diskussion, ob Idee und daraus abgeleitetes erfinderisches Ziel oder das Ergebnis des Erfindungsprozesses wichtiger ist, endlos geführt werden kann. Diesels Verhalten in dieser Sache war schließlich von der Sorge getragen, daß seine Verträge mit der Maschinenfabrik Augsburg (MA) und Krupp, die den Bau und die Erprobung des Motors sichern sollten, nichtig werden könnten. Hätte er zugegeben, daß nach DRP 67207 kein Motor ausgeführt werden konnte, wäre er möglicherweise unglaubwürdig geworden und hätte damit der weiteren Verfolgung seiner Idee die Basis entzogen. Insofern ist sein Verhalten verständlich.
Angriffen gegen Diesel und seinen Motor war damit jedoch der Boden bereitet. Die Patente waren zwar rechtskräftig, aber die Person konnte getroffen und die weiteren Arbeiten behindert werden. Der wesentliche Unterschied zur Situation Ottos – also nur fünfzehn Jahre später – lag

Das am 23. Februar 1893 beurkundete erste Patent auf den Dieselmotor DRP 67207 wurde am 27. Februar 1892 von Rudolf Diesel beim Patentamt eingereicht. Es ist am 23. Dezember 1892 erteilt worden.

PATENT-URKUNDE

№ 67207

AUF GRUND DER ANGEHEFTETEN BESCHREIBUNG UND ZEICHNUNG IST DURCH BESCHLUSS DES KAISERLICHEN PATENTAMTES

an Rudolf Diesel, Ingenieur,
in Berlin

EIN PATENT ERTHEILT WORDEN.

GEGENSTAND DES PATENTES IST:

GESETZ v. 7. APRIL 1891

Arbeitsverfahren und Ausführungsart für Verbrennungskraftmaschinen.

ANFANG DES PATENTES: 28. Februar 1892.

DIE RECHTE UND PFLICHTEN DES PATENTINHABERS SIND DURCH DAS PATENTGESETZ VOM 7. APRIL 1891 (REICHS-GESETZBLATT FÜR 1891 SEITE 79) BESTIMMT.

ZU URKUND DER ERTHEILUNG DES PATENTES IST DIESE AUSFERTIGUNG ERFOLGT.

Berlin, den 23. Februar 1893.

KAISERLICHES PATENTAMT.

Beglaubigt durch Frank

Bureau-Vorsteher des Kaiserlichen Patentamtes.

KAISERLICHES PATENTAMT

darin, daß die Motorentechnik dank Otto erhebliche Fortschritte gemacht hatte. Die Thermodynamiker wußten wesentlich mehr über die Vorgänge im Motor und konnten sie beschreiben. Schließlich war auch Diesel aus diesem Fach und hatte der Fachwelt seine Idee ausführlich darlegen können. Von seinem Lehrer am Polytechnikum in München und späteren Chef, Carl Linde, sowie von Moritz Schröter, Professor für theoretische Maschinenlehre an der TH München, erhielt er prinzipielle Zustimmung, als er mit ihnen über seine »Theorie und Construction eines rationellen Wärmemotors«[2] diskutierte.
Linde schrieb Diesel nach einem Treffen in Berlin, im Februar 1892, daß er den Weg für richtig hielte, Diesel jedoch das Ziel wesentlich zurückstecken müsse. Im Gegensatz zu Diesel, der für seinen Motor einen Wirkungsgrad von 75 % errechnet hatte, hielt Linde nur ein Drittel davon für realistisch. Er schrieb am 20. März 1892:
»... wobei ich aber nicht unterlassen darf beizufügen, daß nach meiner Ansicht im günstigsten Fall etwa ein Drittel des von Ihnen berechneten theoretischen Wirkungsgrades als effektiver erwartet werden darf. Hiermit wäre immerhin die Möglichkeit geboten, etwa 25 % des Heizwertes fast aller Brennmaterialien als Arbeit zu gewinnen, also etwas mehr, als jetzt nur mit speziellen und relativ kostspieligen Brennmaterialien (in den Gasmaschinen) erzielt wird.«[3]
Wie gut diese Prognose Lindes war, zeigen die späteren Versuche unter Aufsicht von Schröter, vom 17. Februar 1897, bei denen ein effektiver Wirkungsgrad von 26,2 % festgestellt wurde. Aber bis dahin war es noch ein langer, mühsamer Weg, nicht ohne mehrfache Gefahr der Aufgabe.

Von der Idee zum Motor 1892–1897

Diesel hatte Linde nicht nur mit seiner Idee vertraut gemacht, weil er Mitarbeiter der Gesellschaft für Linde's Eismaschinen war und daran dachte, daß die Gesellschaft den Motor entwikkeln könnte. Er wollte von Linde auch Empfehlungen an andere Unternehmen erhalten, wobei er die Maschinenfabrik Augsburg (später MAN) und Krauss (später Krauss-Maffei) direkt genannt hatte.
Linde lehnte zwar die Entwicklung des Motors ab, bot aber an, Diesels »Theorie und Construction« an Schröter weiterzugeben. Zwischen Schröter und Diesel entwickelte sich danach ein Schriftwechsel, bei dem es im wesentlichen um die Frage des »Ideal«-Motors und den Weg dahin ging. Fest steht, daß Diesel in der ersten Hälfte des Jahres 1892 bereits erkannt haben muß, daß die von ihm angestrebte Verwirklichung des Carnot-Prozesses nicht zu erreichen war. Als Thermodynamiker konnte er die Ergebnisse der Korrespondenz mit Schröter und seine ergänzenden Ausarbeitungen dazu zweifelsfrei beurteilen, trotzdem blieb er bei seiner Grundvorstellung. Diesel ergänzte seine Schrift »Theorie und Construction« und veröffentlichte diese unter dem Titel »Theorie und Konstruktion eines rationellen Wärmemotors zum Ersatz der Dampfmaschinen und der heute bekannten Verbrennungsmotoren« mit einer Auflage von 1000 Exemplaren im Januar 1893 bei Julius Springer, um auf diesem Wege seine Idee zu verbreiten und Partner für deren Realisierung zu finden.
Sein Sohn Eugen Diesel dazu später:
»Der Dieselmotor verdankt seine Entstehung einem mit allem Bewusstsein gefassten erfinderischen Vorsatz einer bestimmt gearteten Persönlichkeit in einer ganz bestimmten Situation seines Lebens und der Kultur seines Zeitalters. Getragen von einem ausgesprochenen technischen Berufungsgefühl spähte Rudolf Diesel nach den grössten Möglichkeiten des Zeitalters aus, und er erblickte sie früh im Maschinenwesen. Diesel strebte nach einer besseren und sparsameren Maschine als es die Dampfmaschine war, und zwar nach einer Maschine, die alle Brennstoffe, die festen, flüssigen und gasförmigen zu verwenden imstande sein sollte.
Die Idee zu einer Verbrennungsmaschine mit überaus hoher Kompression reiner Luft und Einführung des Brennstoffes in die heisse Luft im oberen Totpunkt hatte Diesel irgendwann einmal zwischen 1889 und 1891.«[4)]

Vorläufer des Dieselmotors

Wer sich mit dem Thema »Diesel« – gleichgültig, ob Person oder Motor – beschäftigt, trifft bei seinen Recherchen auf zahlreiche Widersprüche. Nicht nur in der Person Rudolf Diesels und seinem Verhalten treten sie auf, sondern auch in der Beurteilung seines Werkes. Schnauffer stellt in seinem Festvortrag zum 100. Geburtstag von Rudolf Diesel, am 17. März 1958, in Augsburg ganz apodiktisch fest, »daß es dafür – und das möchte ich ausdrücklich hervorheben – keine Vorläufer gab«. Er fährt fort: »Das ist bei Erfindungen auf dem Motorengebiet sehr selten. Bisher wurden immer Söhnlein, Köhler, Capitaine, Brayton, Hargraeves und Akroyd Stuart als Vorläufer genannt. Das waren sie jedoch nicht ...«[5)], und er gibt dann eine Erläuterung, warum sie aus seiner Sicht keine Vorläufer waren.
Das Dieselverfahren war zweifelsfrei absolut neu, insofern gab es keine Vorläufer. Diesel hatte sich nicht um die Verbesserung irgend eines Verfah-

Der Braytonmotor wird vielfach als einer der Vorläufer des Dieselmotors genannt. Diesel selbst hat ihn – neben dem Akroydmotor – als Vorläufer bezeichnet.
Der Braytonmotor arbeitete ähnlich wie die Dieselmotoren der frühen Zeit mit Lufteinblasung des Kraftstoffs, jedoch mit wesentlich geringerem Druck.

rens bemüht, sondern wollte seine im Ansatz auf dem theoretischen Carnot-Prozeß basierende Idee verwirklichen.
Der Begriff »Vorläufer« muß jedoch differenziert gesehen werden. Zweifellos gehören die von Schnauffer genannten Personen und ihre Motoren im weitesten Sinne zum Umfeld Diesels und zum Umfeld seiner Erfindung, auch wenn keiner der Motoren ein ernsthafter Konkurrent war. Geht man allerdings von einem differenzierten Vorläuferbegriff aus, so fehlt in den entsprechenden Aufzählungen einer fast immer: Otto! Das von Otto geschaffene Viertaktverfahren war schließlich die Grundlage des Dieselverfahrens. Sass schreibt hierzu: »Alle Vorläufer Diesels unterscheiden sich von ihm dadurch, daß sie die Verdichtung in ihren Motoren nicht bis zur Selbstzündung getrieben haben. Nimmt man dem Dieselverfahren das Kennzeichen der Selbstzündung durch die Verdichtungswärme, dann bleibt kein qualitativer Unterschied mehr; der Unterschied besteht dann nur noch in einem Zahlenverhältnis.« An anderer Stelle formuliert er das noch schärfer: »Streichen wir die Selbstzündung als Wesensmerkmal des Dieselverfahrens, so entsteht das Otto-Verfahren mit Fremdzündung.«
Diesen Beurteilungen, die zwangsläufig zum Thema Vorläufer gehören, liegen Äußerungen Rudolf Diesels zugrunde, in denen er die Bedeutung

der Selbstzündung völlig herunterspielte und sie als nicht entscheidend für sein Verfahren hinstellte. Diesel selbst hat Brayton und Akroyd Stuart seine »wichtigsten Präzedenzien«[6] genannt. So wird zum Beispiel vermutet, daß er vom Braytonmotor den Anstoß erhalten hat, den Brennstoff mit Druckluft einzublasen.
Da der Akroydmotor Produktionsreife erreichte und begrenzte Zeit auch außerhalb Englands gebaut wurde, hat sich an ihm immer wieder, bis in die fünfziger Jahre hinein, der Prioritätenstreit entzündet. Zum Ärger seines Erfinders lief der Motor sogar unter der Bezeichnung »Semi«-Diesel. Bei ihm reichte die Verdichtungswärme jedoch nicht aus, um den eingeführten Brennstoff zu zünden. Er benötigte zusätzlich eine Fremdzündung, was ihn wesentlich vom Dieselmotor unterschied.

Verträge mit MAN und Krupp

Vielfach werden im Zusammenhang mit der Entstehung des Dieselmotors drei Unternehmen in einem Atemzug genannt: MAN, Krupp und Sulzer. Richtig ist, daß Rudolf Diesel sehr früh, außer mit der Maschinenfabrik Augsburg (MA) und Krupp, auch mit Gebrüder Sulzer in Winterthur einen Vertrag abgeschlossen hatte. Das waren jedoch Verträge unterschiedlicher Qualität.
Sulzer und Diesel schlossen am 16. Mai 1893 einen Vertrag, der als Optionsvertrag bezeichnet werden kann. Gegen eine Summe von 10 000,– Mark wurde das Recht eingeräumt, »... sich nach Abschluß der Versuche zu entscheiden ...«, ob man vom Vertrag zurücktreten oder ihn weiterführen und in eine Produktion der Motoren eintreten wolle. Unterschieden wurde dabei noch zwischen einem Monopol und einem einfachen Lizenzrecht für die Schweiz.
Die Nennung von Sulzer im Zusammenhang mit MAN und Krupp ist folglich eine Überbewertung der Rolle Sulzers. Das Unternehmen hat in der Frühphase des Dieselmotors nicht zu dessen Entwicklung beigetragen. Andererseits hatte Rudolf Diesel Sulzer weitreichende Optionen eingeräumt und sich verpflichtet, Sulzer vor anderweitiger Nutzung des belgischen, italienischen und russischen Patentes »Mitteilung zu machen, und ihnen 14 Tage Frist zur Entschliessung zu gewähren, ob sie zu den gleichen Bedingungen mit Herrn Diesel abschliessen wollen«.
Darüber hinaus konnte Gebrüder Sulzer nicht nur wählen, welche südamerikanischen Patente man nutzen wollte, sondern Diesel sogar veranlassen, Patente in Südamerika anzumelden, allerdings gegen Übernahme der Kosten.
Auch die Verträge mit der Maschinenfabrik Augsburg und Krupp waren nicht gleichwertig. Nach vorausgegangenem Schriftwechsel zwischen Rudolf Diesel und Heinrich Buz, Leiter der Maschinenfabrik Augsburg, verpflichtete sich die MA mit dem Vertrag vom 21. Februar 1893, innerhalb von sechs Monaten einen Versuchsmotor zu bauen und zu erproben. Mit Aufnahme der Fertigung sollte die MA eine Lizenzgebühr von 25 % vom Verkaufspreis jedes verkauften Motors zahlen. Dieser Vertrag sicherte der MA hinsichtlich Ausführung – also Herstellung und Verkauf – Exklusivität in den Ländern Bayern mit Rheinpfalz, Württemberg und Baden. In den anderen Ländern des Deutschen Reiches konnte Diesel auch anderweitig Lizenzen vergeben, mußte sich jedoch verpflichten, von diesen deutschen Lizenznehmern eine Lizenzgebühr von 37,5 % zu fordern. Bereits am 20. April 1892 hatte Buz mit einem Brief an Diesel den Bau eines Versuchsmotors zugesagt. Buz schrieb: »Es soll zuerst nur der erste Schritt gemacht werden, um zu erheben, ob das System überhaupt praktisch ausführbar ist, ohne vorläufig auf eine bedeutende Erhöhung des Nutz-Erfolges gegenüber anderen Motoren zu sehen. Sind alsdann die ersten Schwierigkeiten, welche sich immerhin noch ergeben, überwunden, dann kann stufenweise, aber nur in kleinen Absätzen vorwärts gegangen werden.«[7]
Der Vertrag mit Krupp vom 10. April 1893 unterschied sich wesentlich von jenem mit der MA. Diesel trat Krupp das Patent DRP 67 207 ab. Danach war, unter Anerkennung der Rechte der Maschinenfabrik Augsburg, nur noch Krupp berechtigt, in Deutschland Lizenzen zu erteilen. Auch

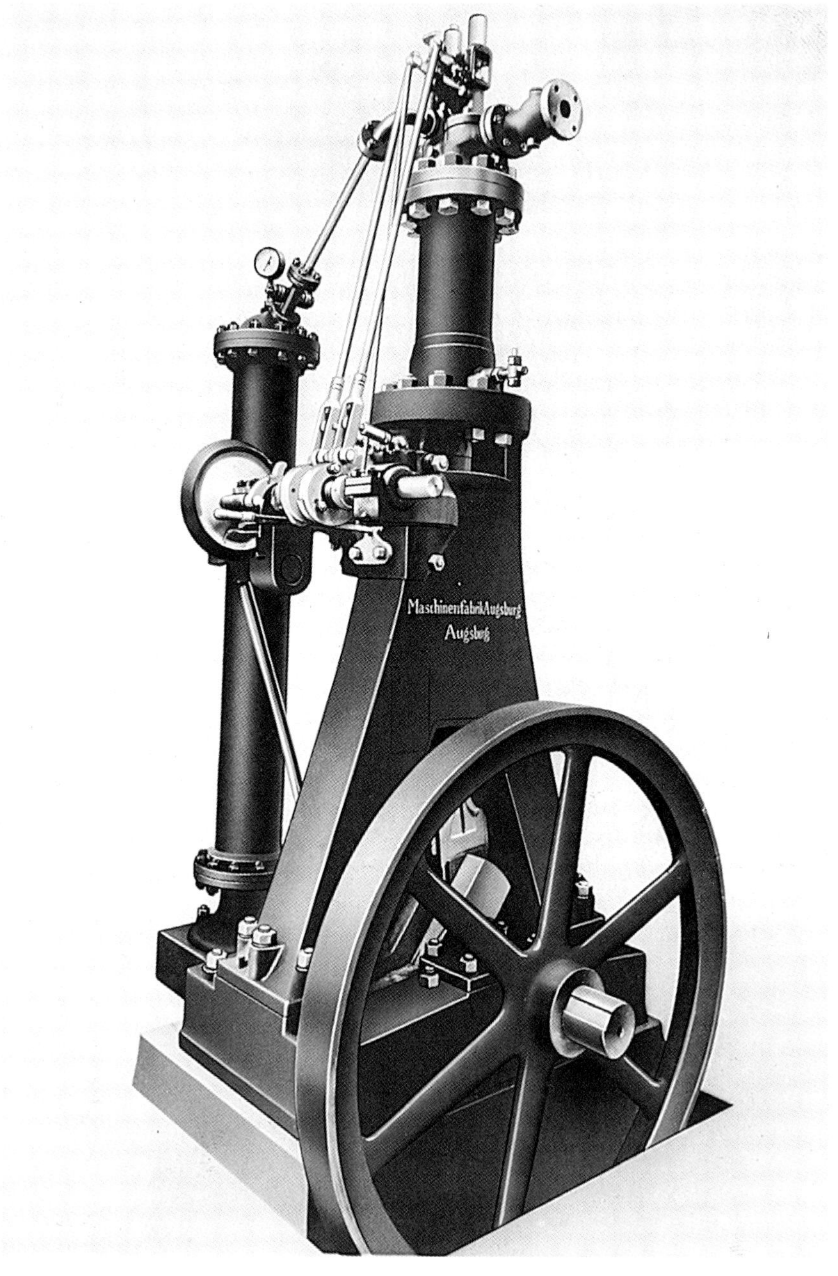

Erster Versuchsmotor in Augsburg 1893. Dieser Motor konnte in diesem Konstruktionsstand nicht selbständig laufen.

Krupp verpflichtete sich, einen Versuchsmotor zu bauen, unterlag dabei jedoch keiner bindenden Frist.
Diesel erhielt als Gegenleistung eine jährliche Zahlung von 30000,– Mark während der Versuchszeit, die bei Aufnahme der Produktion von der Lizenzgebühr in Höhe von 37,5 % abgelöst werden sollte.
Am 25. April 1893 kamen Krupp und die MA bereits überein, »... die Verwertung des genannten Patentes [DRP 67207] gemeinschaftlich zu betreiben ...« und schlossen einen entsprechenden Konsortialvertrag, »... um eine der gesunden Entwicklung des betreffenden Geschäftes nachteilige Konkurrenz fernzuhalten ...«. Damit behielt Krupp zwar das Rücktrittsrecht gegenüber Diesel, zahlte aber auch den Betrag von 30000,– Mark allein an diesen, während alle Aufwendungen für die Entwicklung geteilt und weitere Lizenzen bis zur Gründung der Allgemeinen Gesellschaft für Dieselmotoren AG (»Allgemeine«) 1898 nur noch gemeinsam vergeben wurden.

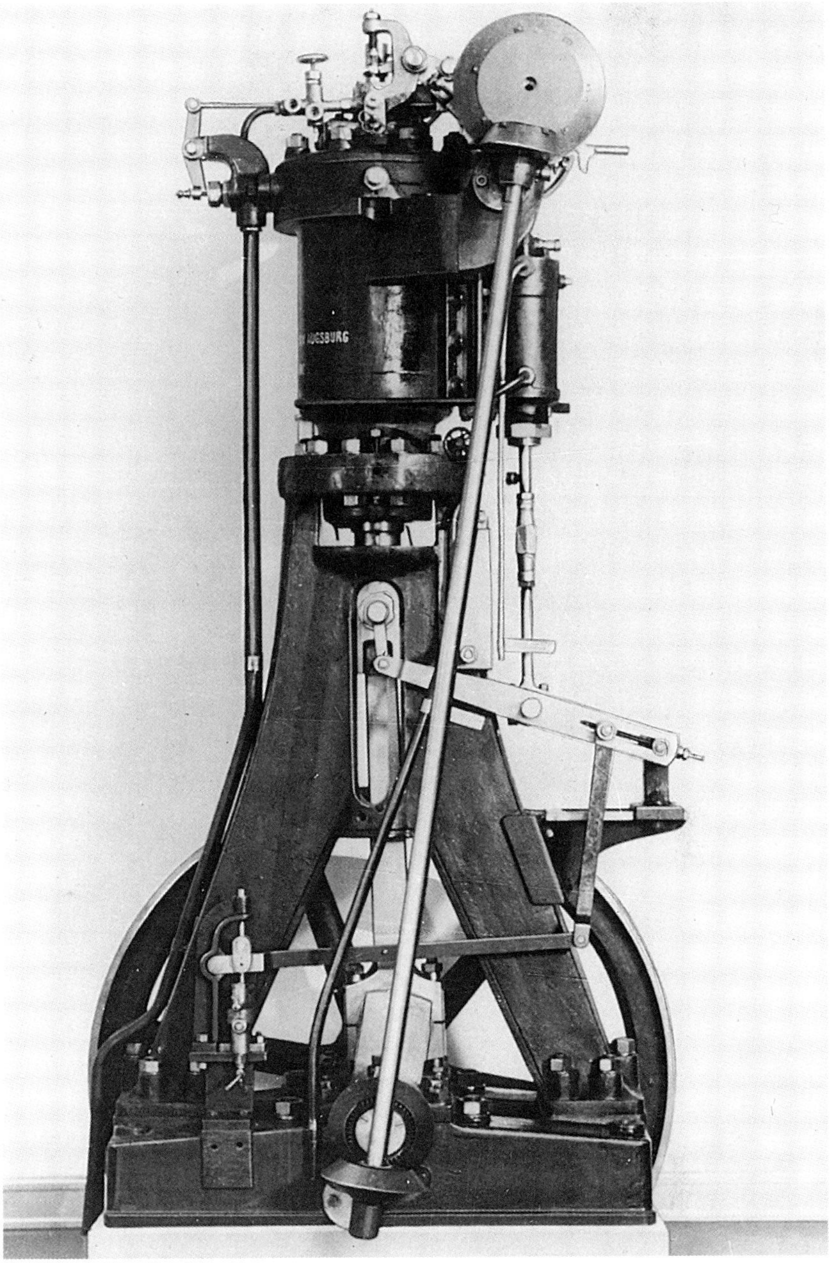

Nach einem Umbau lief der erste Versuchsmotor erstmals im Februar 1894 im Leerlauf. Nach einem weiteren Umbau, bei dem unter anderem der Kolbendurchmesser vergrößert wurde, konnte im Juni 1895 die erste Leistungsmessung erfolgen: Wirkungsgrad 16,6%.

Diese Konditionen führten zu der nicht haltbaren These, »die damalige Tätigkeit Diesels in Augsburg muss als die eines Vertreters Krupps betrachtet werden«.[8]
Unter den drei Vertragspartnern Diesels war kein Motorenhersteller. Nach dieser Feststellung gilt es, der Frage nachzugehen, warum die damals bereits weltweit bekannte und erfahrene Gasmotoren-Fabrik Deutz AG (GFD) nicht mit der Aufgabe betraut wurde, den Dieselmotor zu entwikkeln.

Rudolf Diesel hatte im April 1892, rund ein Jahr nach dem Tod von Nicolaus August Otto, der 1864 mit Eugen Langen die Vorläuferin der GFD gegründet hatte, mit Langen Kontakt aufgenommen, um ihm seine Idee vorzustellen. Langen sah wie viele andere – und er hatte zu diesem Zeitpunkt fast 30 Jahre Erfahrung im Motorenbau – die Probleme in der praktischen Ausführung des Motors. Die von Diesel vorgegebenen Drücke im Zylinder waren aus damaliger Sicht nicht beherrschbar. So wollte Langen zunächst die Patentsituation in Deutschland geklärt wissen und legte dabei besonderen Wert auf eine geschützte Konstruktion. Er schrieb am 19. April 1892 Diesel: »... wenn Sie ein deutsches Patent, vor allem ein Construktions-Patent, sollten erhalten haben, ich bereit bin, wieder mit Ihnen in Verhandlungen einzutreten.«

Diesel berichtete unter Datum vom 2. Januar 1893 Langen, daß die Patenterteilung erfolgt ist und das Patent die Bezeichnung »Arbeitsverfahren und Ausführungsart für Verbrennungskraftmaschinen« trägt. Weiter führte er aus, daß seine Maschine »nicht als ein neues System von Gasoder Petroleummotoren zu betrachten [ist], sondern als ein Motor, welcher die Dampfmaschine vollständig ersetzen soll«. Langen hatte unverändert Bedenken, die mit seinen Kollegen in der Direktion der GFD abgestimmt waren, und äußerte sich entsprechend ablehnend. Ein Treffen zwischen beiden fand am 3. Februar 1893 in Berlin statt, bereits unter dem Einfluß der Verhandlungen Diesels mit der Maschinenfabrik Augsburg und Krupp. Es führte zu keinem besseren Ergebnis. Ende Mai 1893 schrieb Diesel an Langen, daß die Patentrechte für Deutschland vergeben sind, und regte an, daß die Pariser Filiale der GFD Dieselmotoren für Frankreich bauen soll, was von Langen abgelehnt wurde.

Der erste betriebsfähige Dieselmotor bei MAN 1897

Unter wirtschaftsgeschichtlichen Aspekten fiel die Entwicklung des Dieselmotors und die erste Zeit der Nutzung der Patentrechte in eine der langwelligen Aufschwungphasen, die von Mitte der neunziger Jahre bis etwa 1913 reichte. Die Stockungen waren in diesem Zeitraum so kurz, daß sie keinen Einfluß auf die Gesamttendenz hatten. Vor diesem Hintergrund sind die zahlreichen Lizenznahmen nach der Präsentation des ersten betriebsfähigen Dieselmotors keine Überraschung. Unterstützt wurde diese Welle vom Image der mit Diesel verbundenen Unternehmen Maschinenfabrik Augsburg und Krupp sowie erleichtert von den bereits in vielen Ländern erteilten Patenten.

Sicher spielte auch die Kompetenz von Moritz Schröter eine große Rolle für die vielen Lizenzabschlüsse. Er hatte schließlich nicht nur die Testläufe am 17. Februar 1897 überwacht und im Mai das Gutachten[9] erstellt, sondern auch am 16. Juni 1897 auf der Hauptversammlung des Vereins Deutscher Ingenieure in Kassel über die Versuche berichtet.

Mißverständliche, weil unterschiedliche Angaben zum Versuchsmotor von 1897 gibt es in großer Zahl. Das beginnt damit, daß Sass diesen Motor als »dritten« Versuchsmotor bezeichnet. Einen zweiten gibt es bei ihm nicht. Da der Versuchsmotor, mit dem 1895 die ersten Bremsversuche gemacht wurden, dasselbe Gestell behielt wie der »Urmotor« von 1893, an dem der Zylinderdurchmesser geändert wurde, wird diese Variante allgemein nicht als zweiter Versuchsmotor gezählt, obwohl er erheblich veränderte Bauteile und daher einen anderen Aufbau erhielt.

Schröter hat am 17. Februar 1897 am »zweiten« Versuchsmotor insgesamt vier Messungen bei verschiedenen Drehzahlen durchgeführt. Daher werden auch hier gelegentlich nicht zueinander gehörende Zahlen vermischt. Wird der Motor mit einer Nennleistung – Schröter spricht von »Normalkraft« – von 20 PS (genau 19,87 PS) betrachtet, dann beträgt die zugehörige Drehzahl 171,8/min. Verbrauch und Wirkungsgrad ergeben sich in diesem Fall mit 247 g/PSh und 25,2 %.

Da Schröter jedoch die Drehzahl von 154,2/min als »normale Tourenzahl« – heute »Nenndrehzahl« – bezeichnet hat, müßte die »Normalkraft« mit 17,82 PS angegeben werden. Und nur hierzu gehört der meist genannte beste Wirkungsgrad von 26,2 %, entsprechend einem Verbrauch von 238 g/PSh.

Rudolf Diesel, Heinrich Buz und Moritz Schröter (v. l. n. r.) am 16. Juni 1897, nach der Hauptversammlung des Vereins Deutscher Ingenieure in Kassel. Diesel und Schröter hatten über den Dieselmotor berichtet.

Im Februar 1896 beschlossen die Maschinenfabrik Augsburg und Krupp mit Diesel einen neuen, größeren Versuchsmotor zu bauen. Ein Jahr später wurden an ihm unter Aufsicht von Professor Moritz Schröter Leistungsmessungen in Augsburg durchgeführt, die einen Wirkungsgrad von 26,2% ergaben. Der Motor galt danach als »marktreif«.

Auf der II. Kraft- und Arbeitsmaschinenausstellung, von Mitte Juni bis Mitte Oktober 1898 in München, wurde der Dieselmotor erstmals der Öffentlichkeit vorgestellt.

Nach heutiger Betrachtung entsprächen die 19,87 PS der üblichen Überlastbarkeit um 10 %. Hier sind es genau 11,5 %.

Als sich mit diesen Ergebnissen nach dreieinhalbjähriger Versuchsarbeit der Erfolg abzeichnete, schrieb Rudolf Diesel an Buz: »Obgleich ich weit entfernt von der Anschauung bin, daß ich mit meinem Motor schon jetzt an dem mir vorschwebenden Ziele angelangt sei, so darf ich doch aussprechen, daß dessen Resultate weit über das bisher Erreichte hinaus gehen und daß die von mir vertretenen Prinzipien eine neue Aera im Motorenbau bedeuten.

Es ist mir voll und ganz bewußt, daß ich soweit nur durch Ihre wohlwollende, sachgemäße und generöse Unterstützung kommen konnte; ebenso weiß ich, daß Sie in mich und meine Sache ein sehr großes Vertrauen haben mußten, um dieselbe so zu fördern, wie Sie es gethan haben; um niemals, auch in dunklen Momenten, wo kein rechter Fortschritt zu bemerken war, die Geduld zu verlieren, sondern immer mit überlegener Weisheit und Erfahrung dem Ziele zuzusteuern.

Ihnen für alles dies zu danken, ist Zweck dieser Zeilen und ich denke, daß Sie von der Tiefe und Aufrichtigkeit meiner Gefühle in dieser Hinsicht überzeugt sind.«[10]

Die Maschinenfabrik Augsburg hat in den folgenden Jahren die Einführung des Motors in die Praxis entscheidend gefördert und den Dieselmotor zur Marktreife gebracht, trotz aller Zweifel der damaligen Fachwelt.

Bis Mitte 1898 hatte Diesel in 17 Ländern 87 Patente anmelden lassen. Ihre Zahl stieg bis zum Jahr 1904 auf 141 Patente in 37 Ländern. Die Laufzeiten waren allerdings sehr unterschiedlich. Einige verfielen bereits 1906, andere liefen bis 1921 und, wohl ein Kuriosum, das ägyptische Patent war sogar unverfallbar. Von 1913 bis 1915 verfielen 64 Patente.[11]

Die Euphorie ist heute kaum noch nachvollziehbar, die alle Partner im Februar 1897 und den Mo-

Pavillon der »Kollektiv-Ausstellung« in München. Beteiligt waren jeweils mit einem Dieselmotor: Gasmotoren-Fabrik Deutz, Fried. Krupp, Maschinenbau-Aktien-Gesellschaft Nürnberg und Maschinenfabrik Augsburg.

naten danach erfaßt haben muß. Der Versuchsmotor lief problemlos, wurde allen Interessenten gezeigt, und die Vertragsabschlüsse ließen nicht auf sich warten. Mit nur 172 000,– Mark, saldiert bis zum 30. Juni 1897, war der Motor entwickelt worden. Nun mußte er vermarktet werden.

Da die Dieselmotoren in der Kollektivausstellung alle im Betrieb gezeigt wurden, waren neben Rudolf Diesel und seinen Mitarbeitern auch »Maschinisten« zur Wartung der Motoren in München erforderlich.

Um eine Vorstellung zu bekommen, was dieser Betrag von 172 000,– Mark bedeutet, hier ein Vergleich: Zwischen 1895 und 1900 lagen die Jahreslöhne für Facharbeiter im Deutschen Reich bei rund 1000,– Mark. Bezieht man diese Löhne auf das Durchschnittseinkommen des sogenannten Vierpersonenhaushalts, rund einhundert Jahre später, so ergibt sich etwa Faktor 50. Das würde hinsichtlich der Entwicklungskosten zu einem Betrag im Kaufkraftwert von 8,6 Millionen DM führen. In den folgenden drei Jahren fielen allerdings weitere 271 000,– Mark an, so daß sich die Entwicklungskosten auf insgesamt 443 000,– Mark erhöhten.[12)] Das entspräche nach heutiger Kaufkraft rund 22 Millionen DM.

In dem Betrag von 172 000,– Mark sind die Zahlungen von Krupp an Rudolf Diesel nicht enthalten. Da sie nach erfolgreichem Lauf des Versuchsmotors wegfielen, mußte Diesel die vertraglichen Bedingungen mit der MA und Krupp auf eine neue Basis stellen. Das geschah bei Verhandlungen aller drei Partner am 11. März 1897 in Essen, die zum Abschluß eines neuen Vertrages führten.[13)]

Die Lizenzgebühr wurde von 37,5 bzw. 25 % auf 5 % herabgesetzt, im Gegenzug Diesel eine Mindesteinnahme von 30 000,– Mark jährlich für den Zeitraum von fünf Jahren garantiert, die aufgrund von Lizenzzahlungen Dritter bis auf 50 000,– Mark steigen konnte. Anzahlungen aus Lizenzverträgen sollten gleichmäßig unter den Partnern aufgeteilt werden. Aufgrund eines Zusatzabkommens vom 22. April 1897 übernahmen die MA und Krupp auch die mit dem DRP 67207 verbundenen Kosten und gewährten Diesel einen Bürokostenzuschuß von 4000,– Mark jährlich für die Dauer von zwei Jahren.

Diesel selbst verpflichtete sich in diesem Vertragswerk, beide Unternehmen bei der Weiterentwicklung seines Motors zu unterstützen.

Neben der Maschinenfabrik Augsburg und Krupp hatten bis zum Oktober 1898 für Deutschland sieben weitere Unternehmen eine Lizenz auf den Dieselmotor genommen und für das Ausland neben Sulzer elf.[14)] Bis zu diesem Zeitpunkt lagen die Rechte für die Vergabe von Lizenzen im Inland bei der MA und Krupp und für das Ausland bei Rudolf Diesel selbst.

Allein für die Vergabe der Rechte an den amerikanischen Patenten an Adolphus Busch, St. Louis, für die Vereinigten Staaten und Kanada, erhielt Diesel den Betrag von einer Million Mark. Dabei handelte es sich zweifellos um den bedeutendsten Auslandsvertrag, abgeschlossen am 9. Oktober 1897. Er führte zu einer frühen Einführung der Dieseltechnik in Nordamerika.

Auf den ersten Blick erscheint es merkwürdig, wenn ein Unternehmen, das an einer gewinnträchtigen Sache beteiligt ist, dafür Lizenzen vergibt, noch dazu im eigenen Land, und sich damit selbst »Konkurrenz« schafft. Auch im Vergleich zur Politik der Gasmotoren-Fabrik Deutz AG, muß die Verhaltensweise der MA und Krupps überraschen. Aus Rudolf Diesels Sicht, was das Ausland betrifft, lagen die Dinge anders. Er mußte für die Verbreitung seines Motors sorgen und sich die größtmöglichen Vorteile sichern, solange die Patente ihm Schutz boten.

Was steckte also hinter der eingeschlagenen Lizenzpolitik für das Deutsche Reich? Die Maschinenfabrik Augsburg hatte offenbar in der fraglichen Zeit eine so gute Auftragslage, daß ihre Kapazität voll ausgelastet war. Eine zusätzliche Produktion des Dieselmotors in größerem Umfang ließen die Einrichtungen nicht zu. So war Europa, dank der vielen Lizenzen, bis 1909 flächendeckend für den Dieselmotor erschlossen. Von den Kleinstaaten abgesehen, fehlten nur Spanien und Portugal, Finnland, der Balkan und Griechenland. Über Europa und Nordamerika hinaus kamen bis zu diesem Zeitpunkt nur Peru und Ägypten hinzu. Unter den ersten Lizenznehmern waren so bekannte Namen wie Burmeister & Wain, Mirrlees, Nobel und natürlich im Deutschen Reich Deutz.[15)]

Auf die Gasmotoren-Fabrik Deutz AG, als einen der ersten Lizenznehmer, hatte man in Augsburg größten Wert gelegt. Die GFD schloß am 15. Juli 1897, nach den Schröterschen Messungen, als erstes deutsches Unternehmen einen Lizenzvertrag, der allerdings so harte Bedingungen enthielt, daß ein Scheitern schon im Vertragsschluß programmiert war. Schnauffer hierzu: »Dadurch war Deutz niemals im Stande, eine ernsthafte Konkurrenz ... zu werden.«[16)] Es können an dieser Stelle nicht alle Details der Vorgeschichte und der vertraglichen Bedingungen zwischen der GFD einerseits und der MA und Krupp andererseits dargelegt werden. Jedenfalls beteiligte sich die GFD noch im Sommer 1898 an der II. Kraft-

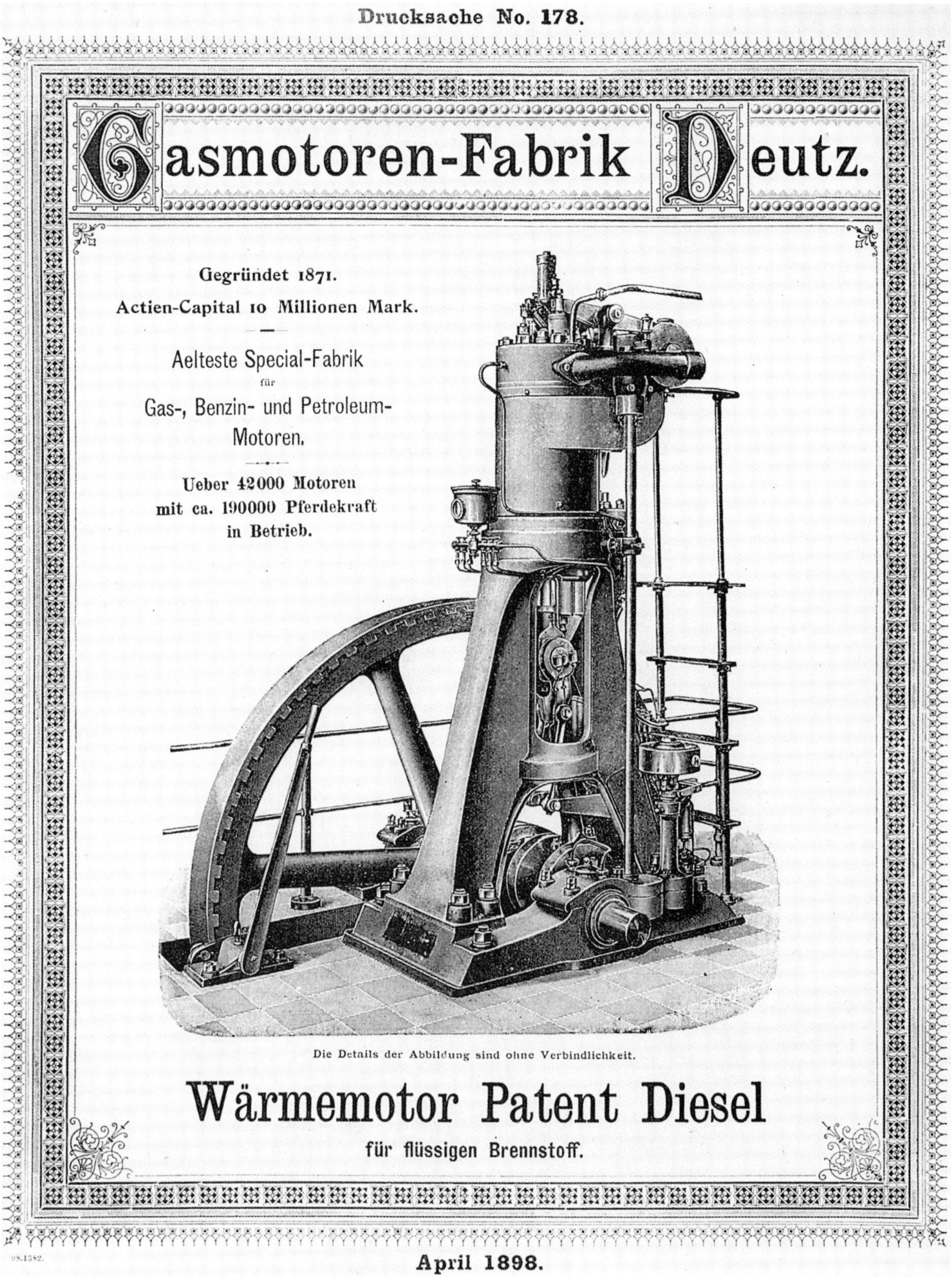

Prospekt der Gasmotoren-Fabrik Deutz aus der Zeit kurz nach der Lizenznahme auf den Dieselmotor.

Erster kreuzkopfloser Dieselmotor der Welt. Gebaut 1898 von der Gasmotoren-Fabrik Deutz. Er leistete 10 PS.

Ihren ersten Dieselmotor lieferte die Maschinenfabrik Augsburg an eine Zündholzfabrik in Kempten. Der Motor mit einer Leistung von 60 PS wurde im März 1898 in Betrieb genommen. Er ist als »Kemptener Motor« in die Technikgeschichte eingegangen.

Erste große Dieselkraftstation kurz nach der Jahrhundertwende bei der Straßenbahnverwaltung in Kiew. Im Endausbau hatte dieses Kraftwerk zwölf Motoren mit einer Leistung von 5200 PS.

und Arbeitsmaschinenausstellung in München, kündigte erstmals den Vertrag am 14. August 1899, worauf unter Datum vom 5. Oktober 1899 die Vertragsbedingungen für die GFD verbessert, das Rücktrittsrecht allerdings erst ab 1. Juli 1901 eingeräumt wurde, und trat endgültig 1903 vom Vertrag zurück. In Deutz wurden in dieser Zeit nur wenige Motoren gebaut, einer davon nicht nach Augsburger Unterlagen. Es war der erste kreuzkopflose[17)] Dieselmotor. Er hatte eine Leistung von 10 PS.

Zeitlich gesehen nach der GFD, für die weitere Entwicklung der Maschinenfabrik Augsburg aber wesentlich wichtiger, war der Lizenzvertrag mit der Maschinenbau-Aktien-Gesellschaft Nürnberg am 22. Juli 1897. Dieser Vertrag hatte allerdings nicht lange Bestand, denn bereits Ende 1898 schlossen sich die Maschinenfabrik Augsburg und die Maschinenbau-Aktien-Gesellschaft Nürnberg zur Vereinigten Maschinenfabrik Augsburg und Maschinenbaugesellschaft Nürnberg AG zusammen. Die Umbenennung in Maschinenfabrik Augsburg-Nürnberg AG (MAN) erfolgte 1908.

MAN hat nicht nur den Lizenznehmern Zeichnungen geliefert, sondern auch Mustermotoren bereitgestellt und in der kritischen Phase der Entwicklung des Dieselmotors, zwischen 1898 und 1901, Unterstützung bei Inbetriebnahmen von Motoren der Lizenznehmer angeboten. Aus eigener Fertigung lieferte das Unternehmen bis Ende 1900 für stationäre Anlagen 16 Motoren mit einer Leistung von zusammen 500 PS, die sich alle bewährten. Drei dieser Motoren sind erhalten geblieben. Auf der Weltausstellung in Paris wurde 1900 der Dieselmotor mit dem Grand Prix ausgezeichnet. Kurz nach der Jahrhundertwende lieferte MAN Motoren für die erste große Dieselkraftstation in Kiew, zunächst vier Motoren mit je 400 PS und in weiteren Ausbaustufen schließlich insgesamt 12 Motoren mit einer Gesamtleistung von 5200 PS, die zum Teil bis 1955 in Betrieb waren.

Einführung des Dieselmotors in Nordamerika

Der Hopfenhandel und der Besuch deutscher Bäder waren es, die Adolphus Busch, den deutschstämmigen Brauereibesitzer aus St. Louis, mit dem Dieselmotor zusammenbrachten. Sein Nürnberger Hopfenhändler Berthold Bing machte ihn 1897, bei einem Treffen in Wiesbaden, auf den Motor aufmerksam, was zum Abschluß eines Vorvertrages am 6. September 1897 in Baden-Baden führte.

Bereits am 14. September 1897 besuchte Busch Augsburg und nahm an Versuchsläufen teil, die ihn so beeindruckten, daß er seinen Chefingenieur zu weiteren Versuchsläufen des Motors nach Augsburg sandte. Dabei wurden außergewöhnlich gute Ergebnisse erzielt, die einen Wirkungsgrad von 29,5 % auswiesen.[18)] Aufgrund der Empfehlungen seines Chefingenieurs schloß Busch, wie bereits erwähnt, am 9. Oktober 1897 in München mit Diesel einen Vertrag, der ihm alle Rechte am Motor für die Vereinigten Staaten von Amerika und Kanada einräumte. Eingeschlossen war neben den USA-Patenten 542 846 und 556 059 auch das kanadische Patent 44 611.

Ende 1897 gründete Busch die »Diesel Motor Company of America« und eröffnete am 1. Januar 1898 ein Büro in New York. Um das Geschäft zügig anlaufen lassen zu können, benötigte er Motoren, die er jedoch nicht selber herstellen konnte, da er keine Maschinenfabrik besaß. So bestellte er je einen Motor in Nürnberg und in Deutz. Vorgeführt wurde der erste Dieselmotor in Amerika, der aus Nürnberg kam, vom 7. Mai bis zum 5. Juni 1898 auf einer Ausstellung in New York als Generatorantrieb.

Frühzeitig begann man bei der Diesel Motor Company mit dem Entwurf eigener Konstruktionen. Offenbar ist nach Augsburger Zeichnungen in den USA überhaupt nur ein Motor gebaut worden, und zwar im Herbst 1898 bei der Iron & Machine Company in St. Louis. Der Zweizylindermotor mit einer Leistung von 60 PS fand später einen Einsatz in der Kraftzentrale der Brauerei von Busch.

Interessanterweise waren die ersten in den USA konstruierten Motoren für den maritimen Einsatz gedacht. Ob und welche der Entwürfe, die

bis Ende 1898 entstanden, realisiert worden sind, ist nicht bekannt. Jedenfalls zeigte das Kostendenken in Amerika, daß mit den teuren Kreuzkopfmaschinen keine guten Verkaufsergebnisse erwartet wurden, und man wandte sich konsequent ab Anfang 1899 kreuzkopflosen Konstruktionen zu.
Von einem sehr vereinfachten 30-PS-Motor wurden zehn Stück bei Hewes & Phillips in Newark bestellt. In kürzester Zeit zeigten sich die ersten Schwierigkeiten. Der Motor war noch nicht betriebsreif. Die entscheidende Idee zur Verbesserung der Konstruktion hatte Buschs Chefingenieur. Etwa zeitgleich zur selben Entwicklung in Deutschland machte er den Vorschlag, die Druckluft zum Einblasen des Kraftstoffes mit einem zweistufigen Kompressor aufzubereiten.
Da die Diesel Motor Company of America aufgrund der Probleme mit dem 30-PS-Motor in erhebliche Schwierigkeiten geraten war, wurde 1902 mit der International Power Company eine neue Gesellschaft, die »American Diesel Engine Company« gegründet. Ein neues Konzept sah zunächst Motoren mit Zylinderleistungen von 30 und 75 PS vor, ab 1904 kamen dann Dreizylindermotoren mit einer Leistung von 225 PS hinzu. Überraschend ist, daß diese Motoren auf Anhieb ohne größere Probleme liefen. Der Weg war damit, trotz der anfänglichen Schwierigkeiten, für den Dieselmotor in Nordamerika geebnet.[19)]

Die Rolle von Gebrüder Sulzer nach Eintritt in den Lizenzvertrag

Aufgrund des bereits erwähnten Vertrages vom 16. Mai 1893 hatte Gebrüder Sulzer, Winterthur, das Recht, nach Abschluß der Versuche am Dieselmotor in einen Lizenzvertrag für die Schweiz einzutreten und die Herstellung von Motoren aufzunehmen.
Um sich einen unmittelbaren Eindruck vom Fortschritt der Erprobung zu verschaffen – die Ergebnisse der Augsburger Entwicklungsarbeit waren vertragsgemäß ja laufend zu übermitteln –, sandte Sulzer im Februar 1897 eine Delegation nach Augsburg, die an Versuchen teilnahm. Obwohl der Bau eines 20-PS-Motors beschlossen und 1898 durchgeführt wurde, nahm Sulzer die Serienfertigung von Dieselmotoren zu diesem Zeitpunkt nicht auf. Interessant aus heutiger Sicht ist das Motiv, mit dem Sulzer den Bau der Motoren ablehnte: Man wollte nur »große Motoren« bauen.
Um den Schweizer Markt in dieser Situation überhaupt bedienen zu können, mußte mit Sulzer eine Importverabredung getroffen werden. Gegen eine Lizenzgebühr von 5 % sollten deutsche Motorenhersteller in die Schweiz liefern dürfen. Sulzer wünschte sich ausschließlich Motoren von der Gasmotoren-Fabrik Deutz, was jedoch nicht realisierbar war, da die GFD den Dieselmotorenbau zunächst aufgab.
Sulzer selbst nahm den Dieselmotorenbau erst auf, nachdem die Schwierigkeiten der ersten Jahre überwunden waren, und schloß am 25. April 1903 einen exklusiven Lizenzvertrag für die Schweiz ab. Nach diesem Vertrag durfte Sulzer gegen eine Lizenzgebühr von 6 % außer in der Schweiz auch in jenen Ländern Motoren verkaufen, in denen es keine Patente auf den Dieselmotor gab. Für Länder mit Patenten betrug die Lizenzgebühr 3 %. Dagegen waren Verkäufe in die Länder, in denen die Londoner Diesel Engine Company Patente hielt, frei von jeglicher Lizenzgebühr.[20)]
An dieser Stelle muß auf die Bestrebungen Rudolf Diesels eingegangen werden, alle Lizenznehmer zu verpflichten, Erfahrungen mit ihm auszutauschen und über wichtige Verbesserungen an den Motoren zu berichten. Diesel selbst war jedenfalls bemüht, seine neuesten Erfahrungen den Lizenznehmern mitzuteilen. Er bzw. die Allgemeine Gesellschaft für Dieselmotoren AG schickte ihnen Mitteilungen, die er »Formulare« nannte. Allein 1898 gingen von Augsburg 17 Formulare mit Verbesserungen, die bei der MA entwickelt worden waren, an die Lizenznehmer. In den folgenden Jahren ging die Zahl der Formulare jedoch deutlich zurück, obwohl vom Ausland mehr Informationen dazu beigesteuert wurden,

als aus Augsburg selbst kamen. Die letzten Formulare erschienen 1903.
Sulzer ging auf die Gegenseitigkeitsverpflichtung jedenfalls nur unter der Voraussetzung ein, daß alle anderen Lizenznehmer gleichermaßen verpflichtet wurden.
Auch in Winterthur liefen Fertigung und Verkauf der Dieselmotoren für die damalige Zeit rasant an: 1904 wurden rund 30 Motoren mit insgesamt mehr als 2000 PS Leistung gebaut, bis Ende 1905 waren es insgesamt bereits rund 10 000 PS aus über 200 Zylindern, Ende 1906 summierte sich die Leistung der bislang produzierten Motoren auf rund 30 000 PS aus über 500 Zylindern, und Ende 1908 waren es zusammen über 50 000 PS aus mehr als 800 Zylindern.
Ähnlich wie in den USA war man auch bei Sulzer bestrebt, frühzeitig eigene Konstruktionen zu entwickeln. Ein erster Schiffsmotor mit einer Leistung von 45 PS, allerdings noch nicht umsteuerbar, lief ab 2. Dezember 1905 auf dem Genfer See in dem Frachtschiff »Venoge«, und 1906 zeigte das Unternehmen auf einer Mailänder Ausstellung seinen ersten Zweitaktdieselmotor in der Ausführung als Schiffsmotor mit direkter Umsteuerung. Dabei handelte es sich um einen Vierzylindermotor mit einer Leistung von 100 PS, der zu Versuchszwecken in ein Schiff eingebaut und auf dem Genfer See erprobt wurde.[21] Aus diesen Anfängen heraus entwickelte sich Sulzer zu einem der führenden Unternehmen des Schiffsmotorenbaues, das bis heute unverändert in dieser Tradition steht. Die Leistung der in den ersten fünf Jahren insgesamt in Winterthur gebauten Motoren besaß Jahrzehnte später ein einzelner Motor.
Innovativ war man in Winterthur auch auf einem anderen Gebiet. Bereits 1913 wurde die von Sulzer in Zusammenarbeit mit Borsig gebaute erste betriebsreife Diesellokomotive der Welt in Dienst gestellt.[22] Sie hatte einen Vierzylinder-V-Motor mit der beachtlichen Leistung von 1000 PS, die unmittelbar auf den Triebradsatz übertragen wurde. Die damit erreichbare Zuggeschwindigkeit betrug 100 km/h.
Wie zu erwarten war, brachten die hart formulierten Gegenseitigkeitsverpflichtungen des Lizenzvertrages Spannungen in die Beziehungen zwischen Sulzer und der Allgemeinen Gesellschaft für Dieselmotoren AG, die in zwei Prozessen gipfelten. Den einen gewann Sulzer und war danach nicht mehr gezwungen, seine Zeichnungen und Patente den anderen Lizenznehmern zur Verfügung zu stellen. Den zweiten gewann die »Allgemeine« mit der Feststellung, daß Sulzer unverändert zur Zahlung der Lizenzgebühren verpflichtet war. Ein Aufhebungsvertrag vom 8. Januar 1909 sollte schließlich die Partner von allen gegenseitigen Verpflichtungen entbinden und damit die Situation bereinigen.
Soweit zu ermitteln war, hat Gebrüder Sulzer für die Nutzung der Rechte an Schweizer Dieselmotorenpatenten rund 350 000,– Mark gezahlt. Wendet man auch hier den Kaufkraftfaktor (vgl. S. 21) an, so sind das nach heutigem Wert rund 17,5 Millionen DM.

Der Beitrag von Burmeister & Wain in der Frühzeit des Dieselmotors

Burmeister & Wain (B&W) erwarb zur Jahreswende 1897/98 das Recht, Dieselmotoren oberhalb einer Leistung von 20 PS in Dänemark zu bauen. Der Vertrag, der auf beiden Seiten zu unterschiedlichen Zeitpunkten unterschrieben wurde (Diesel am 10. Dezember 1897, B&W am 28. Januar 1898), erhielt wenige Monate später eine Ergänzung für Motoren mit Leistungen unterhalb 20 PS. Der erste Motor nach MAN-Zeichnungen war Ende 1898 fertiggestellt und zeigte auf dem Prüfstand ähnliche Werte wie die entsprechenden Motoren in Augsburg. B&W machte bereits bei den Versuchen mit diesem Motor Verbesserungsvorschläge, die zur Betriebssicherheit des Dieselmotors beitrugen.
Trotz dieses Anfangserfolges müssen die Probleme mit dem Motor so groß gewesen sein, daß B&W sich nicht entschließen konnte, den serienmäßigen Bau von Dieselmotoren aufzunehmen. Das Kopenhagener Unternehmen traf mit der

Die »Selandia« war das erste große, seegehende Schiff mit Dieselmotoren als Hauptantrieb. Ihre Jungfernreise von Kopenhagen über London, Antwerpen und Genua nach Singapur und Bangkok brachte dem Dieselmotor 1912 größte Aufmerksamkeit.

Allgemeinen Gesellschaft für Dieselmotoren AG am 26. Februar 1902 eine Verabredung, die Lizenzrechte an ein anderes dänisches Unternehmen weitergeben zu dürfen. Ein Interessent konnte jedoch nicht gefunden werden.[23] Ähnlich wie Sulzer nahm Burmeister & Wain den Dieselmotorenbau erst 1903 wieder auf, jedoch mit mäßigen vertrieblichen Erfolgen. Man einigte sich mit der »Allgemeinen« auf eine Reduzierung der Lizenzprämie pro Motor von 10 auf 5 %. Die Mindestprämie pro Jahr blieb jedoch bei der hohen Belastung von 10 000,– Mark.

Ein besonderes Ereignis aus der Frühzeit des Dieselmotors ist der Einsatz von B&W-Motoren auf der »Selandia«, dem ersten großen seegehenden Motorschiff, bestellt von der East Asiatic Company (EAC) in Kopenhagen, die damit die erste Reederei wurde, die Handelsschiffe mit Dieselmotorantrieb im interkontinentalen Seeverkehr einsetzte. Innerhalb weniger Jahre hatte die EAC ihre ganze Flotte auf Schiffe mit Dieselmotoren umgestellt, die ersten waren die Selandia und ihre drei Schwesterschiffe, bestimmt für den Einsatz auf der Linie von Europa nach Bangkok.[24]

Die 1912 in Dienst gestellte Selandia hatte bei einer Verdrängung von 7000 Tonnen eine Länge von 113 Metern, eine Breite von 16 und einen Tiefgang von 7 Metern. Die Antriebsleistung ihrer beiden Motoren betrug zusammen 2000 PS. Damit erreichte sie eine Geschwindigkeit von 11 Knoten.

In welchem Verhältnis Mut zum Risiko und Zuversicht in die neue Antriebsquelle standen, läßt sich heute kaum noch ermessen. Sofort vier seegehende Schiffe mit Dieselmotoren als Antrieb zu bestellen, ohne daß hierfür Erfahrungen vorlagen, mutet vor dem Hintergrund der Entwicklungsgeschichte des Motors abenteuerlich an. Diese Entscheidung bekommt insofern noch mehr Gewicht, als der Kontrakt für das erste Schiff, also die Selandia, vorsah, die Dieselmotoren gegen Dampfmaschinen auszutauschen, falls die Motoren nicht zuverlässig arbeiten sollten; bei Kostenteilung zwischen Werft und Reederei. Außer bei den Hauptantrieben hatte die Selandia auch für die Bordaggregate Dieselmotoren als Antrieb.

Die Jungfernreise ging bereits wenige Tage nach der Erprobung und Übergabe über London, Antwerpen, Genua, nach Singapur und Bangkok. Nach rund 980 Betriebsstunden wurden die Motoren einer ersten Inspektion unterzogen. Der Reisebericht enthält dazu lediglich Hinweise auf kleinere Störungen.

Für die Sache Diesels brachte die Jungfernreise der Selandia eine nicht hoch genug zu bewertende Unterstützung. In London kam Winston Churchill, seinerzeit Marineminister, mit einer großen Delegation an Bord, darunter der First Sea Lord Admiral Sir Francis Bridgeman und der Second Sea Lord Vizeadmiral Louis von Battenberg, die sich außerordentlich beeindruckt von der deutsch/dänischen Technik zeigten. Der Besuch der Delegation fand sogar ein Nachspiel im Unterhaus, mit einer parlamentarischen Anfrage zu den Absichten der Admiralität in Sachen Dieselmotoren. Churchill antwortete darauf mit dem Hinweis, daß er eine Studie in Auftrag gegeben habe, mit der herausgefunden werden solle, ob sich die Dieselmotoren für den Einsatz in Kriegsschiffen eignen.

Britische Techniker aus dem Stab der Admiralität begleiteten die Selandia bis Antwerpen.

Ähnlichen Einfluß – heute würde man sagen PR-Effekt – hatte die Jungfernreise des Schwesterschiffes »Fionia«. Von Kopenhagen lief sie im Juni 1912 nach Kiel, um Baron Pirrie, dem Eigentümer von Harland & Wolff, Gelegenheit zu geben, sich den Dieselantrieb anzusehen. EAC lud bei der Gelegenheit Albert Ballin, Generaldirektor der Hamburg-Amerika-Linie, auf die Fionia ein, obwohl EAC und HAL Wettbewerber auf den Linien in die Karibik und nach Fernost waren.

Die Reise der Fionia nach Kiel muß unter dem Gesichtspunkt »Promotion« für Burmeister & Wain und die dänische Industrie gesehen werden. Schließlich fand zu diesem Zeitpunkt die »Kieler Woche« statt, mit einem entsprechenden internationalen Aufgebot an Schiffen und einflußreichen Gästen. Am 25. Juni 1912 kam sogar der Kaiser an Bord.

Die Fionia wurde noch während der Kieler Woche an die Hamburg-Amerika-Linie verkauft und in »Christian X« umbenannt.[25] EAC orderte daraufhin sofort zwei weitere Schiffe, die bei Harland & Wolff gebaut wurden.

Das entscheidende Problem für den Einsatz von Dieselmotoren in Schiffen war deren Umsteuerbarkeit. Da der Antrieb von den Motoren direkt auf die Schiffsschrauben ging, mußte die Drehrichtung der Motoren gewechselt werden können, man mußte »umsteuern«. Nach einer Lösung ist bei fast allen Lizenznehmern einige Jahre gesucht worden. Burmeister & Wain hatte um 1910 seine erste umsteuerbare Maschine mit einer Leistung von 400 PS konstruiert.

Natürlich lag der Einsatz des Dieselmotors als Haupt- und Hilfsantrieb von Schiffen voll auf der von Rudolf Diesel verfolgten Linie. Hier bot sich ein weites Feld für die Substitution der Dampfmaschine, noch dazu mit erheblichen, sofort erkennbaren Vorteilen. Hatte schon der Ottomotor im Bereich kleiner Leistungen den bedeutenden Vorteil gebracht, daß er nach Belieben zu starten und zu stoppen war, ohne erst Dampf erzeugen zu müssen, so brachte der Dieselmotor als Schiffsantrieb, mit seinem gegenüber der Dampfmaschine mehr als doppelten Wirkungsgrad, entweder eine erhebliche Verbesserung auf Seiten der Nutzlast oder eine wesentlich größere Reichweite bei vergleichbaren Schiffen. Mit der Umsteuerbarkeit für Motoren großer Leistung war der Weg des Dieselmotors in der Seeschiffahrt frei.

Die Bedeutung der Maschinenfabrik Ludwig Nobel in St. Petersburg für die Verbreitung des Dieselmotors

Die Politik Rudolf Diesels hinsichtlich des Rußlandgeschäftes ist auch mit Hilfe der bis heute erschlossenen Akten nicht verständlich. Einerseits hatte er im Vertrag vom 16. Mai 1893 Gebrüder Sulzer eine Option auf die Rechte aus dem russischen Patent eingeräumt, andererseits der Gasmotoren-Fabrik Deutz eine mündliche Zusage gemacht, ihr Lieferungsrechte nach Rußland einzuräumen, und nicht eingehalten.

Im Raum stand 1897 das erneute Angebot bei Gebrüder Sulzer, die Rechte aus den russischen Patenten zu übernehmen, was im Zusammenhang mit der allgemeinen Ablehnung, in einen Lizenzvertrag einzutreten, dann nicht erfolgte. Sulzer stellte nur in Aussicht, später eine Lizenz für Rußland nehmen zu wollen. Statt der GFD erhielt danach die MA mit Vertrag vom 14. März 1898 eine Exportlizenz für Rußland.

Am 9. April 1898 wurde schließlich die »Russische Diesel Motor Co. GmbH, Nürnberg« gegründet. Teilhaber waren Emanuel Nobel, St. Petersburg, Marcus Wallenberg, Stockholm, Berthold Bing, Nürnberg, und Rudolf Diesel. Die Gesellschaft erwarb am selben Tag mit einem Vertrag über 20 Jahre Laufzeit die Rechte am russischen Dieselpatent.

Wallenberg hatte bereits am 25. Januar 1898[26] einen Vertrag zur Gründung der Aktiebolaget Diesels Motorer in Stockholm mit Diesel geschlossen. Die Gesellschaft sollte die schwedischen Patente nutzen und Motoren nach Finnland liefern dürfen. Gegründet wurde sie unter Beteiligung von Rudolf Diesel am 2. April 1898.[27] Später erhielt sie noch die Rechte aus dem norwegischen Patent. Besondere Bedeutung hat die Gesellschaft mit ihrer Eigenentwicklung kreuzkopfloser Dieselmotoren erreicht, die zeitweilig in bezug auf Kraftstoffverbrauch die besten waren. Von technikgeschichtlicher Bedeutung sind sie insofern, als drei 1903 nach Rußland gelieferte Motoren die ersten Dieselmotoren als Schiffsantriebe waren.

Die »Russische« schloß mit vier Unternehmen Lizenzverträge für Rußland ab, mit der Maschinenfabrik Ludwig Nobel, St. Petersburg, am 9. April 1898 (also an ihrem eigenen Gründungstag); mit der Kolomnaer Maschinenfabrik, Kolomna, am 16. Oktober 1902; mit der Rigaer Eisengießerei und Maschinenfabrik, vorm. Felser & Co., Riga, am 18. April bzw. 1. Juli 1905, sowie mit der Société des Chantiers Navals, Ateliers & Fonderies de Nicolaieff, am 15. Januar 1907.[28]

Der Vertrag mit der Rigaer Eisengießerei war von zwei Besonderheiten gekennzeichnet: Die Gegenseitigkeitsverpflichtung wurde für militärische Anwendungen von Dieselmotoren ausgeschlossen. Im Vertrag hieß es: »Ferner ist das gegenseitige unentgeltliche Benutzungsrecht auf Verbesserungen und die dementsprechende Mitteilungspflicht von Plänen, Zeichnungen, Erfahrungen, Verbesserungen ausgeschlossen, insoweit sich solche auf Dieselmotoren zum speziellen Gebrauch für militärische Zwecke beziehen.« Auch hier ein Ansatz, der letztlich zum Auseinanderbrechen der »Dieselfamilie« führte.

Der zweite Punkt betraf die Vergabe weiterer Lizenzen. Die »Russische« durfte danach nur noch an zwei weitere russische und kein ausländisches Unternehmen Lizenzen für Rußland vergeben.

Von den vier Lizenznehmern erlangte die Maschinenfabrik Ludwig Nobel die größte Bedeutung für die Verbreitung des Dieselmotors in Rußland. Auch bei ihr wurden sehr schnell eigene Wege beschritten, wenn auch die ersten Motoren noch nach Augsburger Zeichnungen entstanden. Konstruktive Vereinfachungen, die von der MAN aufgegriffen wurden, verbilligten die Herstellung der Motoren. Ein reger Gedankenaustausch zwischen dem Petersburger Chefkonstrukteur und Augsburg, bei unmittelbarer Umsetzung neuer Erkenntnisse in eigene Entwürfe und intensiver Erprobung, verhinderte »nennenswerte Rückschläge«, wie sie selbst bei erfahrenen Maschinenbauern an anderen Orten nicht zu vermeiden waren.

Die Maschinenfabrik Ludwig Nobel wurde jedenfalls schnell unabhängig »von Augsburg wie von Diesel«. Zunächst standen Ein- und Zweizylinder-Kreuzkopfmotoren mit 20 und 30 PS Zylinderleistung im Programm. Motoren ohne Kreuzkopf wurden aufgrund eines Auftrags über drei Motoren für eine Pumpstation in Baku entwickelt, den man 1900 erhielt. Die 1902 gelieferten Zweizylindermotoren hatten eine Leistung von 100 PS. Sie wiesen weitere konstruktive Vereinfachungen auf und bewährten sich so gut, daß bereits 1903 ein Anschlußauftrag über 48 Motoren mit je 150 PS Leistung erfolgte. Sie waren für den Einsatz in den 12 Pumpstationen an der 900 km langen Pipeline von Baku nach Batumi bestimmt. Nobel teilte sich den Auftrag mit der Kolomnaer Maschinenfabrik, da seine Kapazitäten nicht ausreichten, um den Auftrag in der gewünschten Zeit abzuwickeln.

Ab 1902 befaßte man sich in St. Petersburg auch mit der Entwicklung von Zweitaktdieselmotoren. Offenbar mit so gutem Erfolg, daß man an die Konstruktion eines Dreizylinder-Schiffsmotors ging, der bei einer Drehzahl von 400/min eine Leistung von 150 PS abgeben sollte. Für diesen Motor wurde auch eine Umsteuereinrichtung entwikkelt, mit der seine Drehrichtung in »nur etwa 18 Sekunden« umgekehrt werden konnte. Er kam 1905 auf den Prüfstand. Da der Motor nicht die vorausberechnete Leistung erreichte, wurde seine Entwicklung eingestellt, die Umsteuereinrichtung später bei Viertaktmotoren verwendet. Nobel nahm die Zweitaktmotorenentwicklung erst 1909 wieder auf.

Einen Auftrag über 32 Motoren für den Antrieb von acht Kanonenbooten, die auf dem Amur eingesetzt werden sollten, erhielt Nobel 1906. Jedes Boot hatte eine Viermotorenanlage mit einer Leistung von insgesamt 1000 PS. Die Umsteuerung erfolgte noch in der Form, daß zwischen Motor und Schraubenwelle eine hydraulische Kupplung eingebaut war, die man zum Fahren von Manövern löste. Die Dieselmotoren arbeiteten dann auf Generatoren, deren Leistung von Elektromotoren auf die Schrauben übertragen wurde. Dieses Prinzip, etwa zeitgleich in Rußland und in Italien entwickelt, ist unter dem Namen »System Del Proposto«, nach dem italienischen Ingenieur Cesidio Del Proposto, der es sich patentieren ließ, bekannt geworden.

Ein sich anbahnender Prioritätenstreit wurde vermieden, nachdem leicht nachgewiesen werden konnte, daß die St. Petersburger Zeichnungen älter waren als die Patentschrift von Del Proposto. Das System war im Deutschen Reich unter DRP 147927 vom 4. April 1903 geschützt.

Auch in den Auftrag für die Kanonenboote wurde die Kolomnaer Maschinenfabrik eingeschaltet, da Nobel nicht alle Motoren hätte termingerecht liefern können. Die Vierzylindermotoren bewährten sich gut. Als weitere Schiffsantriebe im militärischen Bereich folgten – nun direkt umsteuerbar – zwei 120-PS-Motoren für das U-Boot »Minoga«.

Im Bereich der Handelsschiffahrt erbrachte die Maschinenfabrik Ludwig Nobel mit der Motorisierung der Flußtankschiffe »Vandal« und »Ssarmat« Pionierleistungen. Die Vandal wurde im Sommer 1904 als erstes größeres von Dieselmotoren angetriebenes Schiff in Dienst gestellt. Sie erhielt noch drei nicht umsteuerbare Motoren mit je 120 PS Leistung, die Nobel aus Schweden von der Aktiebolaget Diesels Motorer bezog. Diese kreuzkopflosen Dreizylindermotoren waren die »leichtesten ihrer Zeit«.[29] Ihr technischer Vorsprung zeigte sich nicht nur im Leistungsgewicht von 100 kg/PS, sondern auch im Kraftstoffverbrauch, was gleichbedeutend mit dem Wirkungsgrad ist. Der spezifische Vollastverbrauch betrug nur 173 g/PSh.

Die Vandal hatte einen rein dieselelektrischen Antrieb. Ihre Motoren trieben wie bei stationären Anlagen Generatoren an, deren Leistung von Elektromotoren auf die Schrauben übertragen wurde. Die 500-V-Gleichstromgeneratoren hatten eine Leistung von je 85 kW. Die Vandal war bis 1913 im Einsatz.

Das Schwesterschiff »Ssarmat« erhielt von Nobel entwickelte Motoren, und zwar Vierzylindermotoren, mit einer Leistung von 180 PS. Welcher Unterschied zu diesem Zeitpunkt noch zwischen den Motoren der einzelnen Hersteller bestand, wird deutlich, wenn man das Leistungsgewicht der Motoren von Nobel mit dem der schwedischen Motoren vergleicht. Die russischen Motoren waren, bezogen auf die Leistung, rund 25 % schwerer.

Beide Binnenschiffe waren auf derselben Strecke, zwischen Astrachan am Kaspischen Meer und St. Petersburg, bis auf die Wintermonate ständig im Einsatz. Ihre Motoren haben, wie den Akten zu entnehmen ist, ohne größere Störungen gearbeitet.

An dem folgenden Schiff, der »Djelo«, sowie an dem in den Niederlanden gebauten Motorschiff »Vulcanus«, entzündet sich immer wieder der

Streit um das erste seegehende Schiff mit Dieselmotorenantrieb. Das Tankschiff Djelo, 1908 in Dienst gestellt, war für den Einsatz auf dem Kaspischen Meer bestimmt und damit zweifelsfrei kein seegehendes Schiff. Für die Beantwortung der Frage, seegehend oder nicht, können nur schiffbauliche Kriterien maßgebend sein, und die orientieren sich bei »seegehend« daran, ob ein Schiff für den Atlantik tauglich ist oder nicht. Die Selandia war es, die vor ihr gebauten russischen Schiffe sicher nicht. Denn für ein Binnenmeer, mag es noch so groß sein, gelten andere schiffbauliche Bedingungen.
Die Vulcanus wird in niederländischen Quellen als »Zeemotorschip«, in englischen als »ocean-going cargo boat« bezeichnet. Von ihren Abmessungen und ihrer Antriebsleistung her wäre sie heute als Küstenmotorschiff einzuordnen. Ihre ersten Einsätze erfolgten auf der Ostsee, im Mittelmeer und im Schwarzen Meer. Von Lloyd's Register war sie mit +100A1 +LMC ohne Einschränkungen klassifiziert worden.
In einer englischen Veröffentlichung[30)] wird der Prioritätenstreit nach der Art des Gordischen Knotens gelöst. Zwar räumt der Verfasser des Beitrags der rund 60 Meter langen Vulcanus, 1910 gebaut von der Nederlandsche Scheepsbouw Maatschappij, Amsterdam, mit einem 500-PS-Motor von Werkspoor, einen zeitlichen Vorsprung ein, macht dann jedoch den Fehler, dieses Schiff als erstes Tankschiff mit Dieselmotoren als Antrieb zu bezeichnen. Das war die Vulcanus sicher nicht, sondern die Vandal.
Zur Selandia schreibt er »pioneer vessel that heralded the era of the seagoing motor ship« und in Abgrenzung zur Vulcanus: »... but Selandia built on a far grander scale and with more ambitious propulsion system has its own undeniable stake in the history books.«
Und eine der bedeutenden Fachzeitschriften[31)] des englischen Sprachbereichs schreibt: »There are not many readers of The Motor Ship, ... who do not know that the ›Selandia‹ is the world's first large seagoing motor ship. Before her time there were other craft propelled by oil engines, one in particular [vermutlich Vulcanus gemeint], representing a bold step at that period, although not approaching the size and power of the vessel we are dealing.«
Die Antriebe der Djelo, zwei Vierzylindermotoren mit je 500 PS Leistung, wurden von der Kolomnaer Maschinenfabrik geliefert. Für Vorausfahrt erfolgte die Übertragung der Leistung über ein auskuppelbares Getriebe, bei Rückwärtsfahrt über einen ebenfalls kuppelbaren Kettenantrieb. Es mußten zum Umsteuern also gegensinnig zwei Kupplungen betätigt werden. Die Djelo hatte eine Tragfähigkeit von 4200 t und eine Länge von 108 m. Auf die Djelo folgten weitere Tankschiffe mit Kolomna- oder Nobel-Motoren, später auch mit Motoren von Sulzer.
Von den bis 1911 in Dienst gestellten Motorschiffen war die überwiegende Zahl mit Kolomna- oder Nobel-Motoren ausgerüstet. Der hohe Marktanteil unterstreicht die Erfahrungen, die beide Unternehmen im Dieselmotorenbau und in der Ausrüstung von Schiffen in kürzester Zeit erzielt hatten. Sicher Pionierleistungen des Schiffsmaschinenbaus, jedoch zunächst begrenzt auf dem Bereich der Binnenschiffahrt und damit nicht direkt vergleichbar mit den hohen Anforderungen an seegehende Schiffe.

England und der Dieselmotor

Mirrlees, Watson & Yaryan Co. Ltd. aus Glasgow war das erste ausländische Unternehmen, das sich nach den Schröterschen Versuchen für den Dieselmotor interessierte. Unmittelbar nach Vertragsschluß am 23. März 1897 wurde innerhalb kürzester Zeit ein Motor gebaut. Der Entwurf eines Schiffsdieselmotors, der am 8. Dezember 1897 bei Rudolf Diesel einging, enthielt bereits eine Umsteuereinrichtung, wie sie im Prinzip heute noch üblich ist, mit verschiebbaren Nokken. Ein Motor ist nach diesem Entwurf jedoch nicht gebaut worden.
Im folgenden Jahr wollte Mirrlees die Rechte an den englischen Patenten bereits wieder zurückgeben. Am 7. September 1899 einigte man sich auf eine »einfache Lizenz«, nachdem die Rechte am

Patent am 24. Juli 1899 an eine neue englische Dieselgesellschaft, die »Diesel Engine Company Ltd.«, gegangen waren.
Dieses Unternehmen, dessen bedeutendster Teilhaber Lord Rothschild war, wurde vermutlich noch im Dezember 1900 gegründet, nachdem Georg Oppenheimer (als Makler?) mit der »Allgemeinen« am 29. November 1900 einen Vertrag geschlossen hatte, der weit über den früheren Vertrag mit Mirrlees hinausging. Danach durfte die Diesel Engine Company außer in England, Wales, Schottland und Irland noch in Australien, Neuseeland, Indien, Japan, Argentinien, Ägypten, Brasilien, Chile und Mexiko Dieselmotoren herstellen. Tatsächlich hat sie während der ersten sechs Jahre ihres Bestehens überhaupt keine Motoren produziert, sondern von der MAN, von Sulzer oder von Carels Frères aus Belgien bezogen.
Interessanterweise waren an der Gesellschaft auch die englischen Unternehmer Henry Hodgson und Charles Scott beteiligt, die ihrerseits in Manchester gemeinsam schnellaufende Dampfmaschinen herstellten.
Ihrer Aufgabe, neue Lizenznehmer für das englische Patent zu finden, ist die Diesel Engine Company wohl nicht gerecht geworden. Möglicherweise scheiterte alles am Preis. Ursprünglich verlangte die »Allgemeine« 150 000,– Pfund Sterling, was drei Millionen Mark entsprach. Der Vertrag zwischen der Gesellschaft und der »Allgemeinen« endete am 30. März 1909.
Rudolf Diesel hat 1912 seine Gedanken über die Bedeutung des Dieselmotors für die englische Industrie veröffentlicht[32] und ist dabei »von folgenden drei Tatsachen« ausgegangen: England ist ein ausschließliches Kohleland, England ist das größte Kolonialreich der Welt, England ist die größte Schiffahrtsnation der Welt.
In der Bedeutung der Kohle für England sah man das größte Hindernis für eine schnelle Einführung des Dieselmotors im Lande. Die Argumente gingen soweit, »daß England eigentlich kein Interesse habe, sich an der Ausbreitung der Maschine zu beteiligen, da es dadurch seinen eigenen Reichtum an Kohle vernachlässige und sich durch die Verwendung von flüssigen Brennstoffen vom Ausland abhängig mache«.
Diesel argumentierte dann, daß England geradezu daran interessiert sein müßte, die Kohle besser zu nutzen, als sie mit schlechtem Wirkungsgrad bei »kohlefressenden Dampfmaschinen« einzusetzen. Schließlich ließe sich bei der Veredelung der Kohle noch in großer Menge Teeröl gewinnen, mit dem die Dieselmotoren problemlos laufen.
Zum Thema »Kolonien« führt er aus: ». . . selbst bei Verwendung der natürlichen Mineralöle allein ist der Dieselmotor die geborene Kolonialmaschine, schon deshalb, weil für ihn nur etwa der vierte bis sechste Teil des Gewichtes an Kraftstoff nach den Kolonien und in das Innere derselben zu transportieren ist wie für die Dampfmaschinen.« Er weist in dem Zusammenhang noch auf den Bau einer 400 km langen Pipeline im Kongo hin und meint: »Dieses großartige Beispiel sollte auch in den englischen Kolonien Nachahmung finden.«
Auch die Verwendung von Pflanzenölen als Brennstoff spricht er an und weist auf den Betrieb eines Dieselmotors mit Erdnußöl auf einer Ausstellung in Paris im Jahr 1900 hin, der auf Wunsch der französischen Regierung »von der Otto-Gesellschaft« aufgestellt wurde.
Der wichtigste Punkt ist für Rudolf Diesel jedoch das maritime Potential Englands und seiner Kolonien. Er schreibt: »Die Schiffskapitäne, welche Dieselmotoren auf ihren Schiffen haben, berichten von der großen Sicherheit und der Annehmlichkeit des Betriebes, die Reedereien veröffentlichen die Ziffern ihrer Ersparnisse; es kann kaum mehr bezweifelt werden, daß an die Entwicklung des Dieselmotors sich eine der größten Evolutionen der modernen Industrie knüpfen wird. Daß aber die größte schiffahrende Nation der Welt aus einer solchen Entwicklung keine Vorteile ziehen sollte, wäre einfach unmöglich.«
Größte Bedeutung für den Dieselmotorenbau bzw. die Weiterentwicklung des Dieselverfahrens haben die Entwicklungen bei Vickers in England gehabt, die Diesel in seiner Veröffentlichung überraschenderweise nicht erwähnt, obwohl sie lange vor dieser einsetzten.
Bereits im November 1910 erhielt James McKechnie, der technische Direktor von Vickers, sein erstes Patent zur direkten Kraftstoffeinspritzung bei Dieselmotoren, weitere Patente folgten 1911 und 1912. Die Konstruktionen standen dem Patent DRP 237 157 der Gasmotoren-Fabrik Deutz sehr nahe. Im Gegensatz zur GFD ließ Vickers aber Motoren bauen, die nach dem geschütz-

ten Verfahren arbeiteten. Sie kamen 1913 auf den Markt. Auch die weiteren Arbeiten McKechnies an der Einspritzung lagen auf der von der GFD vorgegebenen Linie.
Mit seinem Patent 1059/1914, vom 14. Januar 1914, unternahm er dann den letzten entscheidenden Schritt zur direkten hydraulischen Einspritzung, indem er vorschlug, eine hydraulisch, vom Pumpendruck gesteuerte Einspritzdüse zu verwenden. Selbst wenn sich eine große Übereinstimmung von Details mit dem Patent DRP 249339 der GFD nicht leugnen läßt, bleibt es sein Verdienst, die Direkteinspritzung realisiert zu haben. Er wird als »Schöpfer der kompressorlosen Dieselmotoren mit direkter Einspritzung durch die Einspritzpumpe und gesteuerter Einspritzdüse« bezeichnet.
Vickers erzielte mit der neuen Technik recht bald gute Ergebnisse. Während des Ersten Weltkrieges waren bereits englische U-Boote mit Dieselmotoren ausgerüstet, bei denen diese Einspritzung zum Einsatz kam.

Die Diesel Motoren-Fabrik AG, Augsburg

»Eine unglückselige Gründung« überschreibt Eugen Diesel in der Biographie seines Vaters den Abschnitt, in dem er kurz auf Gründung und Niedergang der Diesel Motoren-Fabrik AG, Augsburg, aus seiner Sicht eingeht.[33] Sass gibt die Motive zur Gründung einer Gesellschaft, die nur Dieselmotoren herstellen sollte, konkret an: mangelnde Kapazitäten bei der Maschinenfabrik Augsburg und anderen potentiellen Lizenznehmern.
Initiatoren dieser Gründung waren die Augsburger Bankhäuser Gerstle und Bonnet. August Gerstle hatte im Oktober 1897 einen Optionsvertrag für eine Lizenz auf den Dieselmotor mit der MA geschlossen, die Option lief jedoch schon am 31. Dezember 1897 wieder aus. Sie war für die Diesel Motoren-Fabrik AG bestimmt. Am 15. Dezember 1897 hatten Rudolf Diesel und die beiden Bankhäuser einen »Syndikatsvertrag« geschlossen. Jeder von ihnen sollte mit einem Drittel am Unternehmen beteiligt werden. Sie zahlten jedoch nur die Hälfte der 1,2 Millionen Mark des Grundkapitals ein. Die restlichen Aktien verkaufte das Bankhaus Bonnet.
Die Gründer der Diesel Motoren-Fabrik AG waren Carl Schwarz, Rudolf Diesel, August Gerstle, Robert Jansen und Christian Diesel, ein Vetter von Rudolf Diesel. Sie bildeten auch den ersten Aufsichtsrat, der nach den Statuten vom 11. Januar 1898 vier bis sieben Mitglieder haben sollte. Carl Schwarz zeichnete als Vorsitzender.
An Aufträgen mangelte es zunächst bei der Diesel Motoren-Fabrik nicht. Die Produktion litt jedoch unter denselben Schwierigkeiten, wie sie bei fast allen Lizenznehmern auftraten. Gelieferte Motoren wurden nach kurzer Zeit »für unbrauchbar erklärt und zur Verfügung gestellt«.[34] Der Ruf des Unternehmens sank soweit, daß die Direktion der »Vereinigten Maschinenfabrik Augsburg und Maschinenbaugesellschaft Nürnberg«, wie die MA seit Ende 1898 hieß, sich in einem Brief an die Frankfurter Zeitung von der Diesel Motoren-Fabrik distanzieren mußte.
Alle Schwierigkeiten, die in den ersten Jahren nach 1897 am Dieselmotor auftraten, waren keine Probleme des Dieselverfahrens. Es handelte sich ausschließlich um maschinenbauliche Probleme mit einzelnen Bauteilen, die es zu überwinden galt. Schließlich waren keine Vorbilder vorhanden, entsprechende Erfahrungen mit Material und Fertigungsmethoden fehlten.
Bei der Diesel Motoren-Fabrik zogen sich die Schwierigkeiten über zwei Jahre hin, die Herstellung von Motoren wurde schließlich am 1. Juli 1900 eingestellt und 1906 die Liquidation eröffnet, die 1911 zur Löschung der Gesellschaft führte.
Das gut gemeinte Vorhaben, mit einer ausschließlich zum Bau von Dieselmotoren bestimmten Gesellschaft den Markt besser bedienen zu können und damit die Verbreitung des Dieselmotors voranzubringen, mußte als gescheitert betrachtet werden. Schwerwiegender als das Scheitern des »Diesel«-Unternehmens war der damit für die Dieselmotoren verbundene Imageverlust in einer immer noch schwierigen Phase.
Diesel selbst konnte wohl auch nur wenig helfen.

Eugen Diesel schrieb: »Als das Unternehmen in Gang kam, war Diesel in einer Heilanstalt. Während des Baues der ersten Motoren ist er überhaupt nicht in der Fabrik gewesen. Nach seiner Heimkehr war der Zusammenbruch schon in vollem Gange.«[35]

Die Allgemeine Gesellschaft für Dieselmotoren AG, Augsburg

Die erste öffentliche Präsentation der Dieselmotoren erfolgte auf der II. Kraft- und Arbeitsmaschinenausstellung in München, die vom 16. Juni bis zum 16. Oktober 1898 stattfand. In einem Pavillon wurden vier Motoren als Antriebe von Gebläsen und Generatoren gezeigt, jeweils einer der Maschinenfabrik Augsburg, der Maschinenbau-Aktiengesellschaft Nürnberg, sowie von Krupp und der Gasmotoren-Fabrik Deutz. Selbstverständlich liefen die Motoren täglich, was nach anfänglichen Schwierigkeiten auch während der ganzen Ausstellungsdauer gelang.

Die Beteiligung an der Ausstellung sollte dem Dieselmotor zu einer breiten Bekanntheit verhelfen, über die eigentliche Fachwelt in Industrie und Wissenschaft hinaus, was auch erreicht wurde – quasi ein Höhepunkt in der frühen Phase des Dieselmotors. Diesel hatte den Gipfel seines Erfolges erreicht.

Vor diesem Hintergrund und der geistigen und körperlichen Beanspruchung Rudolf Diesels, der er kaum noch gewachsen war, muß die Gründung der zweiten Gesellschaft innerhalb des Jahres 1898 gesehen werden, an der er beteiligt war. Mit ihr wollte er die Verbreitung seines Werkes einerseits, sowie die Versorgung seiner Familie andererseits, sichern. Beide Gesellschaftsgründungen erwiesen sich in dieser Hinsicht als Fehlentscheidung und kosteten Diesel den größten Teil des gerade erst erworbenen Vermögens.

Diesel teilte Krupp am 16. Juli 1898 mit, daß seine Kräfte nicht mehr ausreichten, um die Verpflichtungen aus den vielfältigen Geschäften zu erfüllen. Er schrieb: »Ich bin deshalb in unserer Zeit den wiederholt an mich gelangten Anforderungen, meine sämtlichen Motorunternehmungen zu einer Gesellschaft zu vereinigen, welche ich bisher stets abgewiesen hatte, doch näher getreten. Es liegt mir aber in erster Linie daran, daß die beiden Ergründer und Erschaffer meines Motors, welche von Anfang an Vertrauen in denselben hatten und keine Mittel scheuten, denselben auf seine heutige Höhe zu bringen, nämlich die ›Maschinenfabrik Augsburg‹ und ›Fried. Krupp, Essen‹, mit meinen etwaigen Schritten einverstanden seien und möglichst Vorteile aus denselben ziehen.«

Die Allgemeine Gesellschaft für Dieselmotoren AG in Augsburg – kurz die »Allgemeine« genannt – sollte eine Dachgesellschaft werden, die alle Interessen des Dieselmotorengeschäftes koordinierte. Rudolf Diesel brachte seine gesamten Aktien, Beteiligungen und Rechte am Motor in die am 17. September 1898 in Augsburg gegründete Gesellschaft ein. Die Eintragung in das Handelsregister erfolgte am 1. Oktober 1898.

Die Allgemeine war kein Unternehmen, das entwickelte oder produzierte, sondern ausschließlich zum Erwerb und zur Nutzung der Rechte Rudolf Diesels gegründet worden. Diesel erhielt die stattliche Summe von 3,5 Millionen Mark, die dem Grundkapital der Allgemeinen entsprach, und verpflichtete sich, alle weiteren Verbesserungen und Erfindungen der Allgemeinen kostenlos zu überlassen. Das hatte, wie noch zu behandeln sein wird, unangenehme Konsequenzen für ihn. Die Gesellschaft übernahm auch das Ingenieurbüro von Rudolf Diesel, das von München nach Augsburg umzog und dort weiter unter seiner Leitung stand.

Über die weiteren Motive Diesels, auf sämtliche laufenden Einnahmen zu verzichten, kann trefflich spekuliert werden, schlüssige Belege gibt es nicht, nur Widersprüche in seinem Verhalten. Obwohl ihm, wie er an einer Stelle schrieb, »jede Finanzoperation an sich unsympathisch ist«,[36] hatte er im Vorfeld zur Gründung der Allgemeinen mit Banken verhandelt und brachte den größten Teil seines Erlöses bereits im Oktober 1898 über die Banken in die Allgemeine ein, in-

dem er 250 Prioritätsaktien à 1000,– Mark und alle Stammaktien im Wert von zwei Millionen Mark erwarb. Danach verblieben ihm vom Erlös nur rund eine Million Mark.
Die übrigen Prioritätsaktien übernahmen Heinrich Buz, Generaldirektor der MA, Berthold Bing, Krupp, die Maschinenfabrik Augsburg, Dr. Herman Pemsel, München, Dr. Martin Eduard Arendt, München, und drei Banken. Eine Beteiligung der ausländischen Lizenznehmer, wie ursprünglich geplant, wurde nicht realisiert.
Was eine Entlastung für Diesel werden sollte, erwies sich zunehmend als eine Belastung. Der Wert der von ihm eingebrachten Aktien und die avisierten Zahlungen aus laufenden Lizenzverhandlungen erwiesen sich als außerordentlich trügerisch. Darüber hinaus waren von ihm vorgenommene Schätzungen über Lizenzeinnahmen zu hoch angesetzt worden. Die Folge: ein Kapitalschnitt bei der Allgemeinen auf die Hälfte, der allein zu Lasten der Stammaktien durchgeführt wurde. Diesel verblieben ein Genußschein in Höhe von 250 000,– Mark und seine Prioritätsaktien.
Da die Allgemeine aufgrund der Gegenseitigkeitsverpflichtung trotzdem von ihm die Ergebnisse aller seiner Arbeiten zum Thema Dieselmotor verlangte, kam es sogar zu gerichtlichen Auseinandersetzungen. Diesel hatte keine Möglichkeit, unabhängig am Motor und seiner Anwendung zu arbeiten.
Nach Ablauf der Patente DRP 67207 und DRP 82168 war die Hauptaufgabe der Allgemeinen 1907/08 erfüllt. In der Hauptversammlung vom 21. Februar 1910 wurde die Liquidation der Gesellschaft beschlossen. Ihre Auflösung erfolgte mit Abschluß der Hauptversammlung für das 12. Geschäftsjahr, vom 27. Februar 1911.

Wirtschaftlichkeit – Der Vergleich zwischen Dampfmaschine und Dieselmotor

Die Substitution der Dampfmaschine unter Verwendung desselben Kraftstoffes – Kohle – war Rudolf Diesels primäres Ziel. Nachdem sich für die frühen Dieselmotoren Gas als schlecht geeigneter Kraftstoff erwies, und Kohle oder auch andere feste Kraftstoffe als völlig ungeeignet erkannt wurden, blieb der Dieselmotor der Frühzeit auf die flüssigen Kraftstoffe angewiesen. Die daraus resultierenden Probleme waren die Verfügbarkeit und der Preis.
Ein Blick in die Werbematerialien der ersten Jahre des Dieselmotors zeigt, daß weitgehend dieselben Argumente benutzt wurden, wie zwanzig Jahre vorher bei der Markteinführung des Ottomotors – abgesehen natürlich vom Wirkungsgrad. Der ließ sich beim Dieselmotor besonders herausstellen. Die ständige Betriebsbereitschaft war ebenso ein Argument wie der Hinweis auf den idealen Antrieb bei unterbrochenem Betrieb, weil in den Betriebspausen kein Brennstoff verbraucht und damit vergeudet wird. Auch der Hinweis auf den geringeren Raumbedarf sowie die vergleichsweise einfache Installation und Instandhaltung fehlte nicht.[37)]
Ständige Betriebsbereitschaft, ohne erst Dampf aufbereiten zu müssen, und kein Energieverbrauch in den Betriebspausen sind selbstverständlich klare Vorteile des Motors, solange der Energiepreis bei einer Vergleichsrechnung nicht Dominanz bekommt.
In einer Vergleichsrechnung aus dem historischen Archiv der MAN aus dem Jahre 1897 wird auf der Basis von 30 PS effektiver Antriebsleistung eine einzylindrige, ventilgesteuerte Kondensatordampfmaschine mit einem Ein- und einem Zweizylinderdieselmotor verglichen. Basis sind 3000 Betriebsstunden im Jahr und ein sehr günstiger spezifischer Kraftstoffverbrauch von 220 g/PSh beim teuersten und 240 g/PSh beim billigsten Kraftstoff. In den Anlagekosten wurden neben allem Zubehör auch Fundamente und der Aufwand für die Aufstellung berücksichtigt, jedoch nicht die Gebäudekosten. Danach lag die Dampfmaschine mit 17300,– Mark zwischen dem Zweizylindermotor mit 18200,– Mark und dem Einzylindermotor mit 15150,– Mark.
In die Betriebskosten waren neben Kraft- und Schmierstoffen auch Abschreibung, Verzinsung,

Reparaturen und Löhne eingearbeitet, was zu effektiven Kosten von 7,24 Pfennig pro PSh bei der Dampfmaschine und zu 5,22 bzw. 4,89 Pfennig pro PSh bei Zwei- bzw. Einzylindermotor führte. Die Mehrkosten des Zweizylindermotors wären unter Berücksichtigung der 3000 Betriebsstunden im Jahr bereits nach einem knappen halben Jahr amortisiert gewesen.
Hierbei muß darauf hingewiesen werden, daß es sich bei der Vergleichsrechnung um ausgesprochen preisgünstige Kraftstoffe der Sächsisch-Thüringischen AG für Braunkohle-Verwertung in Halle handelte, offenbar Braunkohleteeröle, die nicht ohne Zusatzaufwand beim Motor verbrannt werden können, wie die späteren Versuche ergaben. Insofern ist der Ansatz für die Vergleichsrechnung nicht ganz in Ordnung, aber das wußte zu diesem Zeitpunkt noch niemand.
Legt man den Preis zugrunde, den Sass für Lampenpetroleum angibt, und einen spezifischen Verbrauch von 234 g/PSh, dann sieht das Bild etwas ungünstiger für den Dieselmotor aus; die Betriebskosten erhöhen sich um 2 Pfennig pro PSh. Damit wäre der Zweizylindermotor etwa auf dem Kostenniveau der Dampfmaschine, nur der Einzylindermotor läge leicht darunter.
Rückblickend ist schwer zu beurteilen, ob bei dieser Kostensituation noch eine ausreichende Motivation zum Kauf eines Dieselmotors bewirkt werden konnte. Es gab in dieser Leistungsklasse schließlich auch Ottomotoren, die gasbetrieben keinerlei Versorgungsprobleme hatten. Mit Leuchtgas betrieben hätten sie in dem hier diskutierten Beispiel allerdings wesentlich ungünstiger abgeschnitten. Bei kleineren Einheiten wiesen sie gegenüber der Dampfmaschine kostenmäßige Vorteile auf. So werden zum Beispiel für das Jahr 1887 und eine 1-PS-Maschine bei der Dampfmaschine 37,5 Pfennig, und beim Gasmotor, je nach Bezugspreis für das Gas, 29,2 bis 34 Pfennig pro Stunde einschließlich Abschreibung und Wartungskosten genannt.
Für 1891 liegen zwei Untersuchungen vor.[38] In beiden werden die Gasmotoren als etwas teurer in den Anschaffungskosten als die Dampfmaschinen genannt, wobei auch hier wieder die höheren Gebäudekosten der Dampfmaschine leider unberücksichtigt blieben. Die Untersuchungen differieren nur in der Angabe der Betriebskosten von Maschinen höherer Leistung, bei denen in einem Fall die Dampfmaschinen günstiger liegen, im anderen gleiche Kosten ausgewiesen werden. Bei den kleinen Leistungen kommen beide Untersuchungen zum selben Ergebnis: Der Gasmotor ist günstiger.
Zum Erfolg mußten die Verbrennungsmotoren demnach zunächst mit anderen Vorteilen kommen. Dabei spielte die leichte Aufteilung der benötigten Leistung auf mehrere kleinere Maschinen, die beliebig an- und abgestellt werden konnten, sicher eine Rolle. Auch die Gefahr der Kesselexplosionen darf als Motiv, einen Verbrennungsmotor als Antriebsquelle zu wählen, nicht vergessen werden. Immerhin hatten 1895 im Deutschen Reich rund 18 000 Betriebe Verbrennungsmotoren mit insgesamt 65 000 PS im Einsatz. Dampfmaschinen hatten 58 500 Betriebe. Allerdings war deren Leistung mit 2,7 Millionen PS erheblich höher.[39]
Die Struktur der Betriebe gibt weitere Aufschlüsse zur Motorisierung: 36 % der Betriebe hatten weniger als fünf Mitarbeiter, 43 % zwischen fünf und 20 Mitarbeiter und 21 % mehr als 20 Mitarbeiter. Damit waren zwei Drittel aller Motoren bei Großbetrieben im Einsatz. Das war auch das Feld, auf das der Dieselmotor zielte.
Eine ähnliche Vergleichsrechnung wie die von 1897 zeigte rund fünfzehn Jahre später,[40] daß die Kosten beim Dieselmotor, bei etwa gleichem Kraftstoffpreis, in derselben Größenordnung lagen. Ein 25-PS-Motor hatte maximale spezifische Kosten von 5,07 Pfennig pro PSh bei Verwendung von Gasöl, obwohl die Motorenanlage nur noch 11 800,– Mark kostete. Mit steigender Leistung des Motors reduzierten sich die Kosten erheblich und betrugen bei einer Vierzylindermaschine mit 600 PS nur noch 3,07 Pfennig pro PSh. Zum Vergleich die Werte der Dampfmaschine: Bei 25 PS kostete die PSh im günstigsten Fall (kohlepreisabhängig) 8,4 Pfennig, hatte sich also gegenüber 1897 verteuert.
Der Verfasser dieser Vergleichsrechnung räumt allerdings ein, daß er bei der Dampfmaschine auf die einschlägige Literatur[41] zurückgreifen mußte, die Angaben für Dampfmaschinen enthält, die nicht mehr ganz Stand der Technik waren.

Der Dieselmotor nach Ablauf der Hauptpatente 1907/08

Ein Motor, der Kohlenstaub verbrannte, sollte es ursprünglich werden. Im Patent DRP 67207 heißt es: »Alle Brennmaterialien in allen Aggregatzuständen sind für die Durchführung des Verfahrens brauchbar.« Und weiter: »Feste Brennstoffe können in Pulver- oder Staubform eingestreut werden; solche festen Stoffe, welche beim Erhitzen backen oder sich aus anderen Gründen nicht zum Einstreuen eignen, werden vorher vergast .... Schwer entzündliche Stoffe, wie Anthracit u. dergl., können mit leicht entzündlichen, wie Petroleum u. dergl., gemischt eingeführt werden.« Hierzu sind von Diesel bei der MAN 1899 Versuche ohne Erfolg durchgeführt worden. Möglicherweise hat Diesel bei diesem Ansatz auch zu sehr die Nähe Carnots gesucht, der bereits 1824 Kohlenstaub als möglichen Kraftstoff angesprochen hatte.

Alle Versuche, den Dieselmotor mit festen Brennstoffen direkt zu betreiben, sind bislang erfolglos geblieben. Anders sieht es natürlich aus, wenn sie »vorher vergast« werden.

Die Versorgung mit flüssigen Kraftstoffen und deren Preise

Vor hundert Jahren waren die meisten flüssigen Kraftstoffe zu teuer, um bei ihrer Verbrennung im Dieselmotor einen Betriebskostenvorteil gegenüber der Dampfmaschine zu bringen. Wie Sass ausführt, wurden die Versuche bis 1897 mit Lampenpetroleum durchgeführt, das bei einem Preis von 18,– Mark für 100 kg einen wirtschaftlichen Betrieb des Dieselmotors trotz aller seiner Vorteile nicht zuließ.

Man hielt Ausschau nach anderen Kraftstoffen: Spiritus, Benzin, Benzol, auch Rohöl wurde genannt, ohne dieses näher zu definieren. Von Treiböl und bereits von »Gasöl« ist die Rede. Mit Gasöl wird vielfach als Unterscheidung zum Schweröl der Standard-Dieselkraftstoff benannt. In der Mineralölindustrie ist Gasöl ein »gebräuchlicher Ausdruck für Mitteldestillate im Siedebereich zwischen ca. 180 bis 380° C, die im Dieselkraftstoff und im Heizöl EL verwendet werden«.[42] Der Ausdruck Gasöl ist schon kurz nach Erschließung der amerikanischen Ölquellen entstanden. Mit dem »Mitteldestillat« des Rohöls wurde das Stadtgas »angereichert«, daher Gasöl.[43]

Petroleum war in der zweiten Hälfte des letzten Jahrhunderts die wertvollste Fraktion bei der Destillation des Erdöls. Es liegt mit 150 bis 250° C Siedebereich etwas unter dem Gasöl und ist ein wesentlicher Bestandteil des Luftfahrtkraftstoffs Kerosin.

Da selbst in der Fachliteratur keine scharfe Trennung zwischen Petroleum, oder auch Rohpetroleum, und Rohöl bzw. Erdöl gemacht wird, ist für die Frühzeit der Motorentechnik Vorsicht geboten, wenn es um den Kraftstoff Petroleum geht. Petroleummotoren, die nach dem Ottoverfahren arbeiten, liefen alle nur mit Lampenpetroleum, auch Leuchtöl genannt.

In verschiedenen Veröffentlichungen zur Geschichte des Dieselmotors wird ein Mangel an Kraftstoffen und eine dadurch bedingte verzögerte Einführung des Dieselmotors beklagt. Bei »Mangel« sind zwei Dinge zu unterscheiden: Erstens, ob es überhaupt Kraftstoff in ausreichender Menge gab, und zweitens, ob Versorgungsprobleme aufgrund der fehlenden Infrastruktur vorlagen. Darüber hinaus sprach der Kraftstoffpreis für viele Verfasser gegen eine schnelle Einführung des Dieselmotors. Das Zollproblem, das 1878/79 im Deutschen Reich entstand und sich später mittelbar auf den Dieselmotorenverkauf auswirkte, ergab sich aus der Situation, daß man künstliche Beleuchtung für einen Luxus hielt, der besteuert werden konnte. Entsprechend hoch war der Preis. Einen Mangel, wie vielfach behauptet wird, gab es jedoch nicht, denn Petroleum wurde in erheblichen Mengen importiert.[44] Etwas anderes ist, ob es überall und jederzeit zu haben war.

Zweifellos war die Versorgung nicht nur im In- und Ausland, sondern auch regional sehr unterschiedlich, was sich natürlich in den Preisen niederschlug. In allen Erdölländern war die Versorgung zur Zeit der Entwicklung des Dieselmotors absolut unproblematisch und vom Preis her so attraktiv, daß zum Beispiel die Rechte, nach Rußland Dieselmotoren exportieren zu dürfen, besonders begehrt waren. Die auf 1 PSh bezogenen Kosten lagen in Rußland, Österreich-Ungarn, Rumänien und in den Vereinigten Staaten um die Jahrhundertwende bei 0,27 bis maximal 1,3 Pfennig. Für diese Preisermittlung war ein Verbrauch von 200 g/PSh zugrunde gelegt worden. Dabei ließen sich auch innerhalb der Vereinigten Staaten noch starke Unterschiede feststellen. Für den Süden wurden 0,4 Pfennig angegeben und für den Norden 0,5 bis 1,3 Pfennig. Der niedrigste Wert von 0,27 Pfennig traf für Rußland zu. Auch innerhalb Rußlands differierten die Preise stark. Der überhaupt niedrigste Preis für 100 kg Kraftstoff lag bei einer Mark.[45]

Wichtig ist der Hinweis auf jene europäischen Industrieländer mit keiner oder geringer Erdölgewinnung, in denen kein Zoll auf die Einfuhr von Erdöl erhoben wurde: »Für diese Länder kommt heute hauptsächlich das Texas-Rohöl in Betracht, das in solchen Mengen gewonnen wird, daß sie bei weitem nicht aufgebraucht werden können.« Betroffen waren England, Belgien, Dänemark, Schweden: Länder ohne »Mangel«.

Die Überseeländer und Kolonien waren in einer ähnlich günstigen Situation, da sie überwiegend mit Borneo-Rohöl versorgt wurden und kein Zoll zu zahlen war. Die Kraftstoffkosten für den Betrieb von Dieselmotoren waren hier mit den Werten der Erdölländer vergleichbar. Für Borneo selbst lag der Rohölpreis »ungemein niedrig, [bei] höchstens zwei Mark für 100 kg«.

Am ungünstigsten war die Situation in Deutschland, Frankreich, Italien, Spanien, Portugal, den Niederlanden und der Schweiz. Außer Deutschland und Frankreich waren diese Länder auf die Rohöleinfuhr angewiesen, die teilweise (z.B. Italien) sehr hohen Zöllen unterlag. Hinzu kamen in Spanien noch »beträchtliche örtliche Abgaben«.

In Frankreich war aufgrund eines hohen Zolls und zusätzlicher städtischer Abgaben der »Gebrauch ausländischer Mineralöle unmöglich«. Daher kamen inländische Produkte, überwiegend Schieferöl (huile de schistes), zum Einsatz, das allerdings auch hohen städtischen Abgaben unterlag. Frankreich hatte in dieser Zeit mit 14,– bis 20,–Mark pro 100 kg Schieferöl den mit Abstand höchsten Kraftstoffpreis. Die PSh kam so auf 2,5 bis 4 Pfennig allein an Kraftstoff.

Für Deutschland werden als meist gebrauchte flüssige Kraftstoffe in Dieselmotoren »Paraffinöle oder Gasöle sowie geringe Mengen von Rohölen aus Elsaß, Hannover, Tegernsee« genannt. Der Zoll für ausländische Kraftstoffe lag je nach spezifischem Gewicht bei 7,50 oder 12,– Mark für 100 kg, was zu der Feststellung führte: »Der höhere Satz trifft gerade die Abfallprodukte [Gasöl], welche als Heizstoffe am meisten in Frage kommen.« Die Betriebskosten lagen daher bei 1,5 bis 2 Pfennig pro PSh. In der amerikanischen Literatur findet sich hierzu die übereinstimmende oder ergänzende Feststellung, daß das Mitteldestillat Gasöl überhaupt nur aufgrund der Erfindung des Dieselmotors eine Bedeutung erlangt hat.[46]

Der Kraftstoff für Dieselmotoren wurde auf mittlere Sicht in Deutschland nicht billiger. Der Preis pro 100 kg lag 1908 mit 10,40 Mark über dem Oberwert von 1903.

Rudolf Diesel hat sich des Versorgungsthemas 1913 auf der Hauptversammlung des Vereins Deutscher Ingenieure in Breslau angenommen und in einem umfangreichen Diskussionsbeitrag dargelegt, welche Befürchtungen in der frühen Zeit hinsichtlich der Versorgung geäußert wurden.[47] Danach waren nicht nur die Abnehmer von Dieselmotoren, sondern auch die Hersteller unsicher über die langfristige Verfügbarkeit des Kraftstoffes. Größere Privatbetriebe und vor allem die staatlichen Betriebe seien nicht zu überzeugen gewesen, »daß der Brennstoffbezug jederzeit gesichert sei«. Er beendete seine Ausführungen zur

Kraftstoffversorgung mit dem Hinweis, daß »alle überhaupt vorkommenden natürlichen und künstlichen Kohlenwasserstoffe in den Kreis der Anwendung im Dieselmotor hereingezogen« waren und faßte alle in Frage kommenden Arten in einer Aufzählung zusammen.

Die Petroleumpetitionen

In Augsburg ist sehr früh erkannt worden, welche Bedeutung eine Einflußnahme auf den Kraftstoffpreis für die Verbreitung des Dieselmotors haben könnte. Schon Ende 1897 setzte sich die Maschinenfabrik Augsburg beim Central-Verband Deutscher Industrieller dafür ein, eine Petition an den Deutschen Bundesrat zu richten, um eine »Befreiung des Petroleums für Motorenbetrieb vom Einfuhrzoll« zu bewirken. Im Entwurf dazu heißt es: »Nun war es bisher das stets erstrebte und nie erreichte Ziel aller Regierungen und Nationalökonomen, der Bevölkerung eine praktische und billige Betriebskraft zur Verfügung zu stellen; alle Einsichtigen sehen darin geradezu eines der wichtigsten Mittel zur Lösung der sozialen Frage. Es ist daher kaum abzusehen, welche enorme, volkswirtschaftliche Bedeutung es haben würde, wenn man dem kleinen und mittleren Gewerbe, der Landwirtschaft usw. eine praktische, betriebssichere Kraft zu 2 Pfg. pro Pferd und Stunde liefern würde.«[48)]

Die Petition wurde im März 1898 von Krupp und der Maschinenfabrik Augsburg unterzeichnet und beim Bundesrat eingereicht. Sie ging noch im März über die Petitionskommission des Deutschen Reichstages an den Reichskanzler. Man bemühte sich zusätzlich bei der Handels- und Gewerbekammer für Mittelfranken, die Petition zu unterstützen. Darüber hinaus schaltete Augsburg das Bayerische Staatsministerium des Innern ein, das sich grundsätzlich für die Durchsetzung der Petition aussprach, jedoch Bedenken hinsichtlich der Kontrollmöglichkeiten äußerte. Der Zoll für Petroleum und Gasöl blieb bis 1906 bei 7,50 bzw. 12,– Mark pro 100 kg und wurde dann auf 3,60 Mark gesenkt.

Zwei weitere Petitionen gingen 1909 und 1911 an den Bundesrat. Ziel war es, den Satz von 3,60 Mark für 100 kg ganz aufzuheben oder mindestens auf 1,20 Mark zu senken. Zum Zeitpunkt der Unterzeichnung der Petition, am 4. September 1911, stand der Treibölpreis für 100 kg auf 4,75 Mark »franco Oderberg« und damit auf 10,48 Mark »loco Augsburg incl. Zoll und sonstigen Spesen« und stieg innerhalb weniger Wochen auf 5,25 Mark »franco Oderberg«.[49)]

Buz wandte sich am 17. Oktober 1912 nochmals mit einem Brief an den Bundesrat, weil zu befürchten war, daß eine Differenzierung nach Zylinderleistung mit einer Zollsenkung verbunden werden sollte, was zwangsläufig zu Ungerechtigkeiten geführt hätte. Da als Grenzwert 50 PS/Zylinder im Raum standen, hätte der Besitzer eines Zweizylindermotors mit einer Leistung von 100 PS dann Kraftstoff zu ermäßigtem Preis beziehen können, während bei Einsatz eines Einzylindermotors mit 55 PS der volle Zollsatz hätte gezahlt werden müssen.

Die Gasöl-Verkaufs-Gesellschaft

Am 16. November 1912 konnte die MAN ihren Kunden mitteilen, daß der Zoll mit Wirkung vom selben Tag auf 1,80 Mark gesenkt wurde. Auch die Obergrenze, mit einem spezifischen Gewicht des Kraftstoffs von 0,88 g/cm^3, war fallengelassen worden. Das öffnete dem Import aller möglichen Qualitäten die Tore, von denen man glaubte, daß sie »zum Betrieb von Dieselmotoren wenig oder gar nicht geeignet sind«. Gleichzeitig erfolgte die Empfehlung, den ». . . Bedarf bei der ›Gasöl-Verkaufs-Gesellschaft mbH, Berlin W.‹, Linkestraße 6, zu beziehen . . .«.[50)]

Die Gasöl-Verkaufs-Gesellschaft mbH war am 29. Mai 1907 in Berlin »für die Dauer bis zum 31. März 1918«[51] gegründet worden. Wie es in der Satzung heißt, war Gegenstand des Unternehmens »... der Ankauf von Gasöl im In- und Ausland, Lagerung der Vorräte, Errichtung von Tanks zu diesem Zwecke und Versorgung der Gesellschafter, sowie von Gesellschaftern empfohlenen weiteren Abnehmern mit Gasöl zu tunlichst niedrigem Preise. Die Abgabe des Öls an Gesellschafter soll zu den ungefähren Selbstkosten der Gesellschaft erfolgen«. Die größten Anteile des 150 000,– Mark betragenden Stammkapitals hielten die Julius Pintsch AG, Berlin, die MAN und die Gasmotoren-Fabrik Deutz je 36 000,– Mark. Sie durften davon bis zu 11 000,– Mark an Behörden, Firmen oder Stadtgemeinden, die in einer Anlage zum Gesellschaftsvertrag genannt waren, abtreten. Alle anderen Gesellschaftsanteile durften nur mit Zustimmung einer Dreiviertelmehrheit der Gesellschafterversammlung veräußert werden.

Unter den 24 Gründungsgesellschaftern waren allein sechs »Stadtgemeinden«: Leipzig, Passau, Wiesbaden, Brieg, Augsburg und Oberhausen. Überraschend hoch war mit 10 000,– Mark die Beteiligung von Wiesbaden, es folgte Augsburg mit 4000,– Mark. Das Warenhaus Hermann Tietz, Berlin und München, war mit 3000,– Mark doppelt so hoch beteiligt wie die nächstfolgende Stadt Leipzig mit 1500,– Mark.

Paragraph 4 der Satzung sah vor, daß die Gesellschafter sich einer Konventionalstrafe unterwarfen, falls sie Gasöl für ihren Bedarf ohne Genehmigung des Aufsichtsrates von anderer Seite bezögen. Steinkohlendestillate waren davon ausgenommen.

Den Aufsichtsrat bildeten Vertreter der MAN, der Julius Pintsch AG, der GFD, der Stadtgemeinde Wiesbaden und des Warenhauses Hermann Tietz.

Ein Sprung in die Nachkriegszeit zeigt, wie schnell sich die Beurteilung bestimmter Situationen ändern kann. In der MAN-Zeitung vom 2. Februar 1921 heißt es: »Vor dem Krieg waren wir mit ausländischen und einheimischen Treibölen genügend und zu angemessenen Preisen versehen. Gasöle standen zu einem Preis von 10,– bis 12,– Mark für 100 kg zur Verfügung; Steinkohlenteeröle, die damals schon einen wichtigen Brennstoff für Ölmaschinen bildeten, kosteten 2,– bis 5,– Mark für 100 kg.« Nach Kriegsende stieg der Kohlepreis auf das 15 fache, der des Steinkohleteeröls jedoch auf das 60- bis 70 fache. Gasöl kostete in Deutschland das 22 fache, während der Weltmarktpreis nur auf das drei- bis fünffache gestiegen war.[52]

Nachdem der Zoll für die Zeit des Ersten Weltkrieges ganz aufgehoben war, wurde der bis zum 4. August 1914 geltende Satz am 5. März 1920 wieder eingeführt. Mit einer Änderung des Zolltarifs vom 22. Juli 1930 blieb nur der für den Verbrauch auf Schiffen bestimmte Import bei diesem Satz, während er für alle anderen Verwendungen auf vier Reichsmark für 100 kg stieg.

Das Steinkohleteeröl spielte in Deutschland aufgrund der Preissituation beim Lampenpetroleum für eine begrenzte Zeit eine Rolle. Nach Sass war es »verhältnismäßig reichlich vorhanden und zu niedrigem Preis zu haben, da man wenig Verwendung dafür hatte«. Steinkohleteeröl ist ein Abfallprodukt bei der Destillation des Steinkohleteers. Nachteilig war die Zündunwilligkeit des Teeröls. Man benötigte eine zweite Pumpe, um leichter zündbare Kraftstoffe vor dem Teeröl in den Motor zu bringen, die dann eine Initialzündung auslösten. Bei einer Preisrelation von fast 0,2 zwischen Teeröl und Petroleum lohnte sich jedoch der höhere Aufwand, der ja nicht nur in der zweiten Pumpe bestand, sondern auch in den zusätzlichen Behältern, Leitungen und Filtern.

Ab Mitte der dreißiger Jahre sah das völlig anders aus: Man konnte das Steinkohleteeröl mit dem sogenannten Kogasin, dem Dieselkraftstoff aus dem Fischer-Tropsch-Verfahren, mischen. Das Ergebnis war ein sehr guter Dieselkraftstoff. Ähnlich gute Ergebnisse ließen sich auch mit Braunkohleteeröl erreichen. Damit sind auch die Möglichkeiten aufgezeigt, die in Deutschland während des Zweiten Weltkrieges die Versorgung mit Dieselkraftstoff sicherten.

Schwerere Kohlenwasserstoffgemische als Benzin zur Verbrennung im Motor zu verwenden, lag schon in den achtziger Jahren des vorigen Jahrhunderts in der Absicht der Konstrukteure. Ein typisches Beispiel dafür sind die verschiedenen Formen des Glühkopfmotors. Ihr Nachteil war eine nur geringe Anpassungsfähigkeit an wechselnde Drehzahlen. Bei konstanter Drehzahl zeigten sie einen problemlosen Einsatz.

Die wesentliche Erkenntnis für die Verwendung schwerer Kohlenwasserstoffgemische bestand darin, die Kraftstoffe nicht mehr zu »vergasen«. Otto erkannte dies bereits, wie einer Notiz zu entnehmen ist, die einige Jahre nach seinem Tod verfaßt wurde: »Noch konnte man sich nicht von der Idee freimachen, daß das Petroleum erst verdampft werden müsse, um es in der Gasmaschine verbrennen zu können. Bis der scharfen Beobachtungsgabe Dr. Ottos an einem kleinen Experiment der Nachweis gelang, daß Petroleumdampfwolken nur schlecht und mit rußender Flamme, und fein zerstäubtes Petroleum dagegen mit blauer Flamme und vollständig verbrennt ... Er zerstäubte aus einer kleinen Blumenspritze Petroleum auf eine heiße Herdplatte und entzündete den sich bildenden Öldampf, der mit stark rußender Flamme abbrannte. Dann zerstäubte er in gleicher Weise einen feinen Ölnebel in der Luft und entzündete auch ihn. Diesmal brannte das Petroleum mit heller, fast rauchloser Flamme rasch ab.«[53]

Prosper L'Orange hat diesem Experiment Ottos große Bedeutung für die Vorgänge im Dieselmotor zugemessen und es konsequenterweise in seine Betrachtungen zur »Zerstäubung von flüssigem Brennstoff« aufgenommen, die im ersten Abschnitt seines 1934 erschienenen Beitrags zur Entwicklung der kompressorlosen Dieselmotoren[54] enthalten sind. Er schrieb zum Experiment Ottos: »Hierin liegt schon der Kern der Erkenntnis, welchen Vorteil das Mischen von flüssigem Brennstoff und Luft mit sich bringt. Er beruht auf dem großen Unterschied der spezifischen Gewichte beider Materien und auf der Eigenschaft, daß sie beide leicht zerteilbar sind.« Seine Erkenntnisse führten dann über den ersten kompressorlosen Dieselmotor bei der Gasmotoren-Fabrik Deutz zum Vorkammermotor bei Benz & Cie. in Mannheim.

Dieselmotorenentwicklung bei der Gasmotoren-Fabrik Deutz

In der Zeit zwischen der Aufgabe der Diesel-Lizenz und dem Erlöschen des Hauptpatentes DRP 67207, im Frühjahr 1907, beschäftigte sich die Gasmotoren-Fabrik Deutz mit kompressorlosen Selbstzündermotoren, die sich jedoch dadurch vom Dieselmotor unterschieden, daß der Kraftstoff entweder bereits beim Saughub oder während des Kompressionshubes in den Motor eingebracht wurde.

Zunächst nahm man 1902 eine Lizenz auf den Haselwandermotor, der als Vorläufer – im Sinne des Grundgedankens – der Vorkammermotoren gilt. Große wirtschaftliche Bedeutung erhielt diese Lizenznahme für die GFD nicht, obwohl rund 200 Motoren verkauft wurden.

Anders ist die Lizenznahme auf den Bronsmotor zu beurteilen. Die GFD kaufte dem Holländer Brons im April 1907 die Rechte ab, nachdem 1906 das Verfahren in Zusammenarbeit zwischen Brons und der GFD verbessert werden konnte. Auch der Bronsmotor ist ein Vorläufer der Vorkammermotoren. Gebaut wurden in Köln Motoren mit ein bis vier Zylindern, im Leistungsbereich von 6 bis 80 PS, die mit Petroleum oder Gasöl liefen. Sie bewährten sich als Schiffsantriebe, vor allem in der Hochseefischerei. Erst mit Einführung der kompressorlosen Dieselmotoren erfolgte die Einstellung der Bronsmotorenproduktion.

Die Haselwander- und Bronsmotoren blieben jedoch für die GFD nur eine Episode auf dem Weg zum Dieselmotor, auch wenn mit den Bronsmotoren nachhaltige Markterfolge erzielt werden konnten.

Im Herbst 1905 begann man bei der GFD mit der Entwicklung eines Dieselmotors, der im Frühjahr 1907, kurz vor Ablauf des DRP 67207, zur Verfügung stand. Für seine Konstruktion war Prosper L'Orange verantwortlich. Über alle Verkaufsstellen und Vertretungen hatte die Direktion eine Markterkundung laufen lassen, die Erkenntnisse zu Bedarf, Leistungsbereich, Anwendungsmöglichkeiten, Einführungszeitpunkt und Marktpreisen bringen sollte.

Die Rückläufe zeigten ein eindeutiges Bild: Ein Deutzer Dieselmotor sollte unmittelbar nach Ab-

Eine der ersten stationären Anlagen, die mit einem Dieselmotor der Gasmotoren-Fabrik Deutz ausgerüstet wurde, in Lippstadt 1908.

lauf des Patentschutzes verkaufsreif sein, da ein großer Bedarf, vor allem im Leistungsbereich zwischen 20 und 100 PS vorliege. So wurden Dieselmotoren mit 35, 50 und 80 PS Zylinderleistung aufgelegt, die als Ein-, Zwei- oder sogar Dreizylinderausführung geliefert werden konnten. Damit stand eine Palette von 35 bis 240 PS zur Verfügung. Der erste Motor ging am 25. November 1907 für einen Preis von 11880,– Mark nach Hamburg. Die Prognosen der Außenstellen und Vertretungen spiegelten sich in den Verkaufszahlen: Im Geschäftsjahr 1907/08 lieferte die GFD insgesamt 29 Dieselmotoren. Bis zum Geschäftsjahr 1911/12 stieg der Absatz auf 509 Dieselmotoren, um danach etwas abzuflachen. Für die GFD war das ein spontaner Erfolg.[55)]

In ihren Verkaufsunterlagen machte die GFD deutlich, worauf es ihr bei der Akquisition des Dieselmotors[56)] ankam. Er sollte natürlich nicht in die angestammten Felder des Ottomotors – also der Gasmaschine – einbrechen, sondern neue Felder erschließen. Man wies deutlich darauf hin, daß der Dieselmotor »kein Motor für das Kleingewerbe [ist], weil an die Bedienung zu hohe Anforderungen gestellt werden . . .«. Die hohen Anschaffungskosten und der Aufwand für die

in jedem Fall erforderlichen »und schwer gehaltenen« Fundamente würden vom geringen Kraftstoffverbrauch, den die GFD mit 180 bis 220 g/PSh angab, je nach Größe des Motors und Einsatzbedingungen, nicht ausgeglichen.
Aufbauend auf einem im Programm befindlichen liegenden Ottomotor entstanden 1910 liegende Dieselmotoren kleiner Leistung im Bereich von 12 bis 40 PS, die aufgrund der Ähnlichkeit der Ausführung mit den Ottomotoren in großer Zahl gemeinsam gefertigt werden konnten. Verbrauchsmessungen an einem 35-PS-Motor brachten 187,3 g/PSh. Prof. Nägel von der TH Dresden prüfte 1911 einen 20-PS-Motor und kam auf 206 g/PSh. In seinem Gutachten schrieb er: ». . . sowie durch den geringen Brennstoffverbrauch ist dieser Maschine für viele Zwecke ein besonders dankbares Verbreitungsfeld gesichert. Die Konstruktion läßt in jedem Einzelteile die jahrzehntelange Erfahrung auf dem Gebiet der kleinen Verbrennungskraftmaschinen erkennen und bietet zahllose Musterbeispiele für die Anpassung an die Bedingungen der Fabrikation.«[57]
Die gemeinsame Fertigung mit den Ottomotoren führte zu günstigen Preisen und entsprechendem Absatz.
Gerade bei den kleinen Motoren erwies sich der Aufwand für die Lufteinblasung des Kraftstoffs als sehr nachteilig und damit einer breiten Einführung der Dieselmotoren hinderlich. Bei der GFD hat man sich daher sehr früh damit befaßt, Lösungen zu suchen, mit denen auf den Kompressor verzichtet werden kann. Vorarbeiten zu »Kammerverfahren« bzw. deren Ergebnisse waren mit den Patenten DRP 140265 von 1902 und DRP 196514 von 1906 geschützt. In ersterem ist ein eindeutiger Ansatz zu erkennen, der zum kompressorlosen Dieselmotor führt. Ende 1907 erhielt L'Orange den Auftrag, neue Wege zum kompressorlosen Dieselmotor zu finden.
Das DRP 196514 bildete zusammen mit den Erfahrungen aus den Arbeiten bei der GFD die Grundlage für die von L'Orange kurz nach Eintritt bei Benz & Cie. (später Motoren-Werke Mannheim AG), eingereichte Patentschrift, die zum DRP 230517 führte, das den Vorkammermotor schützte.
Bei seinen Arbeiten in der GFD verwirklichte er 1908 an einem Versuchsmotor bereits den unterteilten Verbrennungsraum, der »auch schwerstes Teeröl rauchfrei verbrannte«. Die mit diesem ersten Vorkammer-Dieselmotor verbundenen Neuerungen schützte das DRP 238832 vom 22. Juli 1908. Die Versuche wurden jedoch nicht weitergeführt, da Prosper L'Orange die GFD Ende 1908 verließ. Bei Benz & Cie. hatte er sich das Recht an seinen Erfindungen vorbehalten und meldete wenige Monate später den Vorkammermotor zum Patent an.
Die GFD nahm die Versuche am kompressorlosen Dieselmotor 1910 wieder auf und ließ die wesentlichen Neuerungen unter den Patenten DRP 239716 vom 1. Oktober 1910 und DRP 250216 vom 7. März 1911 schützen. Dies sind die sogenannten »Brandis«-Patente, die gelegentlich zu Spekulationen geführt haben, da Brandis zu dieser Zeit Assistent an der TH Aachen war. Goldbeck vermutet, »dass Brandis aus Gefälligkeit seinen Namen als Decknamen für die Patente gegeben hat«.[58] Gestützt wird diese Auffassung von der Tatsache, daß keinerlei Lizenzverabredungen mit Brandis vorliegen.
Die nach dem DRP 250216 gebauten Dieselmotoren waren die ersten kompressorlosen Dieselmotoren der Welt, die serienmäßig hergestellt wurden. Es handelte sich um liegende Motoren mit ein, zwei oder vier Zylindern, im Leistungsbereich von 15 bis 400 PS, die nach dem sogenannten Verdrängerverfahren arbeiteten. Ihr Kraftstoffverbrauch betrug 220 g/PSh. Die Vierzylindermotoren waren gekoppelte Zweizylindermotoren mit einem zwischen den beiden Motoren angeordneten Schwungrad. Zwar lief die Produktion 1912/13 mit nur neun Motoren zögernd an, kam im folgenden Geschäftsjahr jedoch auf 42 Motoren und lief ab 1915 in großen Stückzahlen. Trotz des Ersten Weltkrieges konnten bis 1924 über 2000 Motoren abgesetzt werden. Die Leistungen gingen später bis zu 500 PS für den Vierzylindermotor.
Der mit diesen Motoren verbundene technische Fortschritt liegt auf der Hand. Prof. Dr.-Ing. A. Nägel, TH Dresden, dazu in einem Gutachten vor dem Reichsgericht: »Die Gasmotoren-Fabrik Deutz schuf einwandfrei laufende Ölmaschinen, deren Brennstoffeinspritzung sich erstmalig von der Notwendigkeit der Druckluft-Mitwirkung freimachte . . . Die von mir im März 1913 vorgenommenen Versuche haben bei zweitägigem Dauerbetrieb mit verschiedenen Belastungsstufen

Deutzer neuer Dieselmotor Typ MKV

Rohöl, Masut
Gasöl

Braunkohlenteeröl
Petrol

Motor Typ MKV	132	136	139	142	147	150	260
Drehzahl in der Minute	340	330	290	250	250	215	215
Leistung PS	10	15	20	25	30	40	50
Rauminhalt aller Kisten cbm	5,2	6,5	7,2	9,0	11,0	13,5	15,5
Bruttogewicht aller Kisten kg	3000	3600	4500	5400	6900	8500	10000

Für **Lichterzeugung** besonders schweres Schwungrad. — **Kühlarten:** Durchflußkühlung, Verdampfungskühlung oder Kühlgefäß. — **Brennstoffverbrauch:** 250 bis 215 Gramm Schweröl für die PS-Stunde.

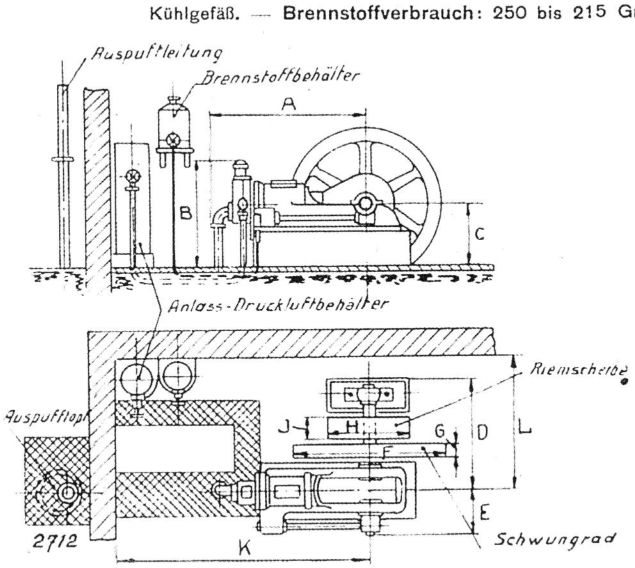

Abmessungen der ortsfesten Motorenanlage (mm).

Größe	132	136	139	142	147	150	260
A	1625	1870	2130	2285	2445	2650	2680
B	1285	1290	1335	1340	1420	1455	1460
C	900	900	900	900	900	900	900
D	1325	1475	1545	1650	1710	1880	2060
E	495	530	620	640	680	730	735
F*	1750	1750	2100	2300	2300	2700	2800
G*	130	130	170	180	210	250	300
H	600	700	1000	1200	1400	1600	1700
J	310	350	370	390	410	510	570
K**	2600	2900	3200	3400	3500	3700	3700
L**	1700	1850	1920	2000	2100	2220	2400

*) nur für Lichtschwungrad, Gewerberad kleiner.
**) Sind Mindestmaße, können nach Bedarf größer gewählt werden.

Die Gasmotoren-Fabrik Deutz entwickelte den ersten kompressorlosen Dieselmotor. Die Fertigung lief im Geschäftsjahr 1912/13 an. Mit diesem Blatt wurde für den Motor geworben.

einen Gasölverbrauch von 199 g für die effektive Pferdekraftstunde bei Vollast (48,6 PS) ... ergeben .... Dieser Fortschritt besteht aber ... in der zum ersten Male gelungenen Einspritzung des Brennstoffes ohne Zuhilfenahme von Druckluft ... Hierin liegt eine für die Entwicklung der Klein-Ölmaschine wichtige Erkenntnis, die sich an keiner der bisher behandelten Ölmaschinen findet und sich gegenüber der im Jahre 1911 den Ölmaschinenmarkt beherrschenden Ansicht als eine bahnbrechende Errungenschaft abhebt.«[59)]
Mit den weiteren Arbeiten am Prinzip des kompressorlosen Dieselmotors, die zu den Patenten DRP 237 157 vom 8. Mai 1910 und DRP 249 339 vom 1. September 1911 führten, war die GFD der hydraulischen Direkteinspritzung, mit der das letzte grundsätzliche Problem des Dieselmotors gelöst wurde, sehr nahe. Die Gründe, warum die GFD diese Ideen nicht weiter verfolgt hat, sind nicht bekannt. Die Aktenlage läßt keine Schlüsse zu. So läßt sich auch nicht feststellen, ob Versuche mit dieser Einspritztechnik in Köln-Deutz gefahren wurden. Und es blieb dem technischen Direktor James McKechnie von Vickers in England überlassen, diesen Ideen zum Erfolg zu verhelfen.
Unabhängig von Vickers und anderen realisierte die Motorenfabrik Deutz – wie die Gasmotoren-Fabrik Deutz ab 1921 hieß – 1921 die direkte hydraulische Einspritzung bei Großmotoren mit Zylinderleistungen von 40 bis 50 PS bei Drehzahlen zwischen 250 und 300/min. Sie bildeten die Basis für den Bau von Großmotoren in Köln, die 1926 einen spezifischen Vollastverbrauch von 161 g/PSh hatten.

Benz & Cie. Rheinische Gasmotoren-Fabrik und der Dieselmotor

Zweitaktmotoren waren es, denen sich Carl Benz in Mannheim widmete, bevor es 1886 zur Erfindung des Automobils kam. Mit dem Zweitaktmotor glaubte er, nicht unter die Ansprüche des DRP 532 zu fallen. Sein erster Motor lief in der Silvesternacht 1879. Zur ersten Firmengründung kam es 1882. Benz blieb jedoch der Gasmotorenfabrik Mannheim nur wenige Monate verbunden und gründete 1883 die offene Handelsgesellschaft Benz & Cie., Rheinische Gasmotoren-Fabrik in Mannheim. Teilhaber waren die Kaufleute Max Caspar Rose und Friedrich Wilhelm Eßlinger.
Zunächst wurden auch hier Zweitaktmotoren gebaut. Erst nach der Aufhebung der wesentlichen Ansprüche des DRP 532 kamen Viertaktmotoren hinzu. Anzumerken ist hierbei, daß Benz schnelllaufende Viertakt-Ottomotoren bereits ab 1884 entwickelte, die sich für Fahrzeuge eigneten. Nach Ausscheiden von Rose und Eßlinger traten Friedrich von Fischer und Julius Ganss 1890 in das Unternehmen ein. Mit ihrem Kapitaleinsatz konnten Produktion und Verkauf schnell wachsen. Benz & Cie. erreichte bald den zweiten Platz unter den Motorenherstellern in Deutschland. Bis 1895 verzehnfachte sich die Zahl der jährlich produzierten Motoren und stieg bis 1897 auf 600 Stück.
Das schnell wachsende Unternehmen wurde am 31. Mai 1899 in die Benz & Cie., Rheinische Gasmotoren-Fabrik Aktiengesellschaft umgewandelt. Vom Aktienkapital in Höhe von drei Millionen Mark hielten Benz, von Fischer und Ganss je eine Million Mark. Nach dem Ausscheiden von Fischers waren Benz und Ganss gleichberechtigte Direktoren. Wenige Jahre später wurde der Automobilbereich dem Unternehmen zum Verhängnis. Dem Konkurrenzdruck der Daimlerfahrzeuge waren die Benzfahrzeuge nicht mehr gewachsen. Benz schied im Frühjahr 1903 aus und Ganss im Herbst 1904. Mit dem Eintritt von Prosper L'Orange, am 1. Oktober 1908, begann der zweite große Aufschwung des stationären Motorenbaus bei Benz und die Aufnahme der Entwicklung und Produktion von Dieselmotoren.
Die ersten Dieselmotoren brachte Benz & Cie. 1910 auf den Markt. Es waren stehende Motoren mit Zylinderleistungen von 25, 40, 60 oder 70 PS, mit ein bis vier Zylindern. Damit standen Motoren von 25 bis 280 PS zur Verfügung. Für ihre Qualität spricht, daß sie einen thermischen Wirkungsgrad von 33 % hatten.

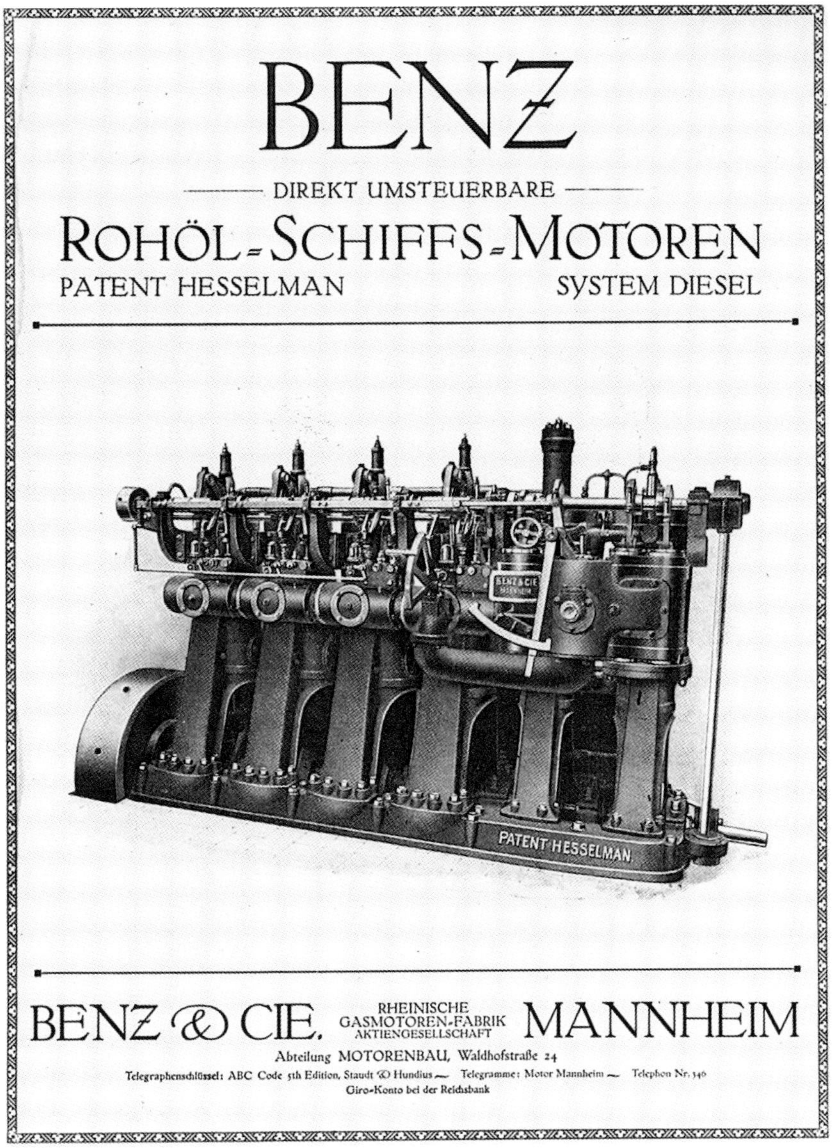

Aus einer Werbeschrift von Benz & Cie. für Schiffsdieselmotoren, die nach dem von Hesselman entwickelten Verfahren arbeiteten. Mit einem Motor dieser Art war die »Fram« ausgerüstet, auf der Roald Amundsen 1911 seine Südpolreise antrat.

Im November 1909 hatte man eine Lizenz von AB Diesels Motorer auf die von Hesselman entwickelten Zweitakt-Schiffsdieselmotoren, die direkt umsteuerbar waren, genommen.

Ein interessantes Beispiel der Anwendung dieser Motoren, allerdings von AB Diesels Motorer (später Polar Diesel) in Stockholm gebaut, ist die Motorisierung der »Fram«, mit der der Norweger Roald Amundsen 1911 seine Südpolreise unternahm. Die Fram wurde von Dampfmaschinenantrieb auf einen Antrieb mit Dieselmotor umgestellt. Sie erhielt einen Zweitaktmotor, Patent-Hesselman, mit einer Leistung von 180 PS. Von ihrer 380-t-Zuladung entfielen ursprünglich 100 t allein auf den Kohlevorrat. Nach der Umstellung nahm der für mehrere Jahre bemessene Kraftstoffvorrat nur 85 % des Kohlebunkers ein. Beim Maschinengewicht konnten sogar 60 % gespart werden. Entsprechend geringer war der Bedarf an Maschinenraum (55 %).

Auf der Südpolreise war die Fram von Christiania (heute Oslo) zur Polarregion sechs Monate unterwegs, ohne einen Hafen anzulaufen. Dabei lief der Dieselmotor 2800 Stunden ohne Störungen.[60)]

Die Bedeutung von Benz & Cie. liegt in der frühen Zeit des Dieselmotors weniger im Bereich der »Großmotoren«, für Schiffe und stationäre

Anlagen, sondern bei den Kleinmotoren. Der Wechsel Prosper L'Oranges von Köln nach Mannheim brachte Benz in diesem Bereich ganz entscheidende Vorteile und die bahnbrechenden Voraussetzungen für schnellaufende Dieselmotoren, die letztlich zum Fahrzeugmotor führten. Wie bereits erwähnt, meldete er am 14. März 1909 das Vorkammerverfahren zum Patent an. Es wurde am 1. Februar 1911 unter der Nummer DRP 230517 erteilt.

Mit dieser Erfindung machte L'Orange auch für Kleinmotoren den entscheidenden Schritt zur hydraulischen Einspritzung mit Hilfe einer Pumpe, die erstmals einen metallisch dichtenden Kolben erhielt. Die Mannheimer Versuche verliefen trotz immer wieder veränderter Einspritzverhältnisse alle negativ. Obwohl klare Erkenntnisse vorlagen, wie Vorkammer und Einspritzung aussehen mußten, kam es erst acht Jahre später zur betriebsreifen Lösung und zum berühmten Patent DRP 397142 vom 18. März 1919.

Drei Jahre später wurde die »Abteilung stationärer Motorenbau« von dem seit 1912 unter Benz & Cie., Rheinische Automobil- und Motorenfabrik AG, firmierenden Unternehmen getrennt und am 1. März 1922 rückwirkend zum 1. Januar 1922 in die Motoren-Fabrik Mannheim AG (MWM) eingebracht. L'Orange war von 1910 bis zu seinem Ausscheiden 1925 Vorstandsmitglied bei MWM.

Der Einstieg von Maybach und Daimler in den Dieselmotorenbau

Die Maybach-Motorenbau GmbH in Friedrichshafen und die Daimler-Motoren-Gesellschaft in Stuttgart waren, gemessen an ihrer Bedeutung im deutschen Motorenbau, Späteinsteiger beim Dieselmotor. Das hatte natürlich den Vorteil, daß die von beiden Unternehmen aufgenommenen Motorenentwicklungen nicht mehr mit den Problemen der Frühzeit des Dieselmotors behaftet waren.

Maybach stieg 1919 in das Geschäft mit Dieselmotoren ein, nachdem der Flugmotorenbau nach dem Ersten Weltkrieg nicht wieder aufgenommen werden konnte. Von seiner Gründung her war das Unternehmen bis dahin ausschließlich dem Flugmotor verbunden. Daher gab es bislang keine Notwendigkeit bzw. kein Interesse, sich mit der Technik des Dieselmotors auseinanderzusetzen. Man stand am Kriegsende 1918 »bei Null«. Karl Maybach hatte die Vorstellung, mit einem speziell für den Einsatz in Lokomotiven konzipierten Motor der Dampflokomotive den Rang abzulaufen. Mit seiner Idee war der Anstoß zur Verdieselung des Schienenverkehrs gegeben.[61]

Für Maybach war dieses Ziel nur mit einem Motor zu erreichen, der mit einer hohen Drehzahl lief, dann ergab sich nach seiner Auffassung der ideale Antrieb für ein Schienenfahrzeug. Er wollte einen Motor mit einer Drehzahl von 1200/min realisieren. Da zu dieser Zeit beim Dieselmotor noch Kompressortechnik und Kraftstoffeinblasung dominierten, war das eine außergewöhnliche Zielvorstellung. Parallel wurden Zweitakt und Viertakt erprobt. Den Vorzug erhielt schließlich 1924 das Viertaktverfahren. Die gewünschte Leistung von 150 PS konnte mit einer Drehzahl von 1300/min erreicht werden.

Außergewöhnlich war auch die Lagerung von Kurbelwelle und Pleuel. Im Gegensatz zu den »klassischen« Dieselmotoren, die Gleitlager hatten, verwendete Maybach Wälzlager. Die weiterentwikkelten Motoren brachten schließlich 1940 eine Leistung von 650 PS.

Um seiner Idee zur Realität zu verhelfen, entwikkelte Maybach zum Motor auch das passende Getriebe, mit dem eine optimale Anpassung an den Schienenbetrieb zu erreichen war. Noch 1924 erfolgte der Einbau in einen Triebwagen bei der Waggonfabrik Wismar, und 1924 wurde in Berlin der erste EVA-Maybach-Triebwagen vorgestellt (EVA: Eisenbahn-Verkehrsmittel AG).

Nachdem die Deutsche Reichsbahn den ersten Triebwagen erfolgreich getestet und weitere mit erhöhter Leistung für den Einsatz auf Nebenstrecken bestellt hatte, gingen auch Bestellungen

Zweiteiliger Schnelltriebwagen »Fliegender Hamburger«, der auf der Strecke Hamburg – Berlin eine Durchschnittsgeschwindigkeit von 125 km/h und eine Spitzengeschwindigkeit von 160 km/h erreichte. Dieselmotoren für diese schnellen Schienenfahrzeuge lieferte Maybach.

von Eisenbahngesellschaften aus Dänemark, Schweden und Belgien ein.

Leistungsstärkere Triebwagen folgten. Ende der zwanziger Jahre verlangte die Reichsbahn bereits eine Antriebsleistung von 300 PS. Maybach entwickelte einen 410-PS-Motor – immer noch mit Lufteinblasung – dessen Leistung jetzt elektrisch übertragen wurde. Von einem weiterentwickelten Motor mit derselben Leistung, aber hydraulischer Einspritzung, erhielten die zweiteiligen Schnelltriebwagen, u.a. 1933 der »Fliegende Hamburger«, der auf der Strecke Hamburg – Berlin eine Geschwindigkeit von 160 km/h erreichte, jeweils zwei. Ihnen stand also eine Gesamtleistung von 820 PS zur Verfügung. Damit waren sie für Städte-Schnellverbindungen geeignet.

Karl Maybach hatte mit seiner Idee von 1919 Erfolg. Dieseltriebwagen und Schnelltriebwagen waren bald in allen europäischen Ländern im Einsatz. Die Niederlande standen dabei, neben der Deutschen Reichsbahn, an der Spitze. Einen Durchbruch erlebte der Dieselmotor als Antrieb für Schienenfahrzeuge, nachdem es Maybach gelang, mit der Büchi-Aufladung[62] die Leistung der Motoren 1934 auf 600 PS zu steigern. Der Maybach-Motor GO 6 war der erste schnellaufende Dieselmotor mit Abgasturboaufladung.

An diese Tradition schloß das Unternehmen – wenn auch nicht »bei Null« – nach mehrjähriger Zwangspause wieder an, als nach dem Zweiten Weltkrieg zum zweiten Mal ein Wiederbeginn gesetzt werden mußte. Man begann mit einem äußerst erfolgreichen Umbauprogramm der Vorkriegsmotoren für die Deutsche Bundesbahn. In der Folge entstanden neue Motoren, die zum Standardantrieb für Lokomotiven wurden. Die Leistungen reichten schließlich von einem Vierzylindermotor mit 330 PS bis zu einem 20-Zylinder-Motor mit 4500 PS, deren Drehzahl zwischen 1550 und 1900/min lag. Damit wurden dem Dieselmotor Anwendungen erschlossen, die in den frühen Jahren als unvorstellbar galten.

Karl Maybachs Bedeutung für die Verbreitung des Dieselmotors, besonders auch im Hinblick auf die Substitution der Dampfmaschine, liegt in

Eilzug, zusammengestellt aus vier Triebwagen, ausgerüstet mit Maybachmotoren, 1937.

der Entwicklung der Antriebstechnik für das Schienenfahrzeug. Der Einsatz der von ihm entwickelten Motoren in speziellen maritimen Bereichen war dann nur noch eine Folge.
Die Daimler-Motoren-Gesellschaft (DMG) hatte zwar schon 1912 mit der Entwicklung von Dieselmotoren begonnen, damit war aber kein unmittelbarer Erfolg verbunden. Sass schrieb hierzu: »Offenbar ist man mit den Schwierigkeiten dieser Erstausführung nicht fertig geworden.« Während des Ersten Weltkrieges baute die DMG dann U-Boot-Motoren nach MAN-Konstruktion, die jedoch nicht mehr zum Einsatz kamen.
Nach dem Krieg nahm man die Entwicklung wieder auf. Ein schnellaufender Motor entstand, der 1923 in einem Lastkraftwagen erprobt wurde. Mit dem Lkw ging die DMG im selben Jahr auf die Automobilausstellung nach Berlin.
War es beim Maybach-Motorenbau eine aus der Nachkriegssituation 1919 heraus bewußt getroffene Entscheidung, sich dem Dieselmotor speziell in der Anwendung beim Schienenfahrzeug zu widmen, so erhielt die Daimler-Motoren-Gesellschaft den vollen Zugang zur Dieselmotorentechnik 1926 bei ihrer Fusion mit Benz & Cie., Rheinische Automobil- und Motorenfabrik AG zur Daimler-Benz AG als »bedeutenden Aktivposten«.[63)]
In der folgenden Zeit galt es schwierige vertragliche Bindungen mit einer Reihe von Unternehmen zu gestalten, denn das übernommene Vorkammerpatent DRP 230 517 von Benz/L'Orange galt nur in Deutschland. Die Motorenfabrik Deutz hielt gleichwertige Patente im Ausland; die Motoren-Werke Mannheim hatten seit 1922 das Recht, das Patent zu nutzen; das schwedische Unternehmen Nya Aktiebolaget Svenska Maskinverken hielt in mehreren Ländern Patente, gegen die ein Verkauf der Daimler-Benz-Motoren im Ausland verstoßen hätte. Darüber hinaus hatte Gebrüder Sulzer eine Lizenz auf das schwedische Patent genommen.
Einen einwandfreien juristischen Hintergrund zu schaffen, war für die Daimler-Benz AG daher oberstes Gebot, denn die Rechte an den Patenten DRP 230 517 und DRP 397 142 waren von entscheidender Bedeutung für die Einführung des Fahrzeugmotors ab 1930, für den natürlich keine Lizenzen vergeben werden sollten. Man war

bemüht, einen umfassenden Patentschutz sicherzustellen. Das konnte nur gelingen, wenn die »Pionierpatente« bzw. die danach ausgeführten Konstruktionen keinen Ansatz für Angriffe boten.

Krupp und der Dieselmotor

Bis Mitte 1892 hatte man im Grusonwerk in Magdeburg-Buckau »vorwiegend Grauguß- und Stahlgußteile hergestellt«,[64] und im selben Jahr von Buss, Sombart & Co., ebenfalls in Magdeburg, den Gasmotorenbau übernommen. Doch bereits wenige Monate später ging Gruson in den Besitz von Krupp über. Diese Übernahme fiel in die Zeit der Vertragsverhandlungen mit Rudolf Diesel.

Wie bereits behandelt, wurden im April 1893 sowohl der Vertrag zwischen Diesel und Krupp als auch der Konsortialvertrag zwischen Krupp und der Maschinenfabrik Augsburg geschlossen. In Essen war man bei Vertragsschluß davon ausgegangen, daß die Realisierung der Idee Diesels für Krupp in Essen zu einem steigenden Stahlabsatz und für das Grusonwerk in Magdeburg zu einem zusätzlichen Produkt führen würde. Für das Magdeburger Werk ging diese Rechnung jedoch nicht auf.

Nach den Schröterschen Abnahmeläufen und der Vertragsänderung für Rudolf Diesel fanden im April 1897 Besprechungen in Augsburg statt, um Motorgrößen und Leistungen festzulegen. Ziel war es, als Ausgangspunkt »gleichmäßige Konstruktionen« bei Krupp in Magdeburg und bei der MA in Augsburg zu haben. Im Juni 1897 lief dann die Fertigung in Magdeburg an.

Mit einer Druckschrift vom Januar 1898 stellte man potentiellen Kunden die Vorteile des Dieselmotors dar. Abgehoben wurde auf den 20-PS-Versuchsmotor von Augsburg, der sich »bei vielmonatlichen Dauerversuchen in jeder Beziehung bewährt« hatte und dessen Verbrauch nach der Messung von Schröter, mit 240 bis 250 g/PSh, inzwischen auf 215 bis 220 g/PSh gesunken sei, weil der Motor nun besser eingelaufen wäre.[65]

Angeboten wurden von Krupp und der Maschinenfabrik Augsburg im Frühjahr 1898 Ein- und Zweizylindermotoren in sechs verschiedenen Größen, mit Leistungen zwischen 15 und 90 PS. Selbstverständlich wird in der Druckschrift auch ein Vergleich mit der Dampfmaschine gezogen, um deutlich zu machen, daß nicht nur der Kraftstoffverbrauch generell beim Dieselmotor günstiger liegt, sondern kleine Motoren, ohne nennenswerte Verschlechterung im Verbrauch, viel zweckmäßiger im Einsatz seien als kleine Dampfmaschinen.

Zu diesem Zeitpunkt war Krupp noch zuversichtlich, daß der Dieselmotor auch im Gasbetrieb gute Ergebnisse bringen würde. Folglich ist der Druckschrift zu entnehmen, daß er auch mit Leuchtgas arbeite. Diesel unternahm noch Mitte 1896 Versuche mit Leuchtgas und trug am 23. Juli 1896 in das Versuchsjournal ein: »Es ist hiermit der Beweis geliefert, daß der Motor ebensogut für Leuchtgas wie Petrol zu gebrauchen ist, und zwar ohne jede Änderung . . .« Sass bemerkt dazu, daß diese Feststellung verfrüht war.

Bereits im Mai 1893 waren bei Krupp Vorversuche für die Verwendung von Gas im Dieselmotor mit Leuchtgas, Generatorgas und Wassergas aufgenommen worden.[66] Auch nach den Schröterschen Versuchen war das Interesse an Gas als Kraftstoff für den Motor unverändert groß. Man glaubte, daß bei »Motoren grösserer Leistungen für Kraftgase (Generatorgas, Hochofengas) aussichtsreicher und steigender Bedarf vorhanden war«.[67]

Das Motiv für die Kruppschen Interessen an gasbetriebenen Dieselmotoren großer Leistung liegt auf der Hand. In den Hüttenbetrieben, den eigenen wie denen des Wettbewerbs, fiel Hochofengas in großer Menge an. Damit wurden zu dieser Zeit bereits Gasmaschinen, die nach dem Ottoverfahren arbeiteten, mit Zylinderleistungen bis zu 125 PS angetrieben. Die Zylinderleistungen späterer Großgasmaschinen reichten bis zu 3000 PS.

In Deutschland, einschließlich Luxemburg, fiel 1897 bei der Produktion von rund sieben Millionen Tonnen Roheisen netto so viel Gichtgas an, daß damit motorisch knapp 400 000 PS hätten

erzeugt werden können. Geht man von der Produktionskapazität aller deutschen Motorenhersteller im Jahr 1897 aus, so wären diese etwa 13 Jahre beschäftigt gewesen, um die benötigten Motoren zur Nutzung des verfügbaren Gichtgases zu liefern, wenn sie nur noch Gichtgasmotoren hergestellt hätten.[68] Dieses beachtliche Marktvolumen kannte natürlich auch Krupp.
In den Hüttenbetrieben ging man Mitte der neunziger Jahre davon aus, daß bei voller Nutzung des Gichtgases in Motoren die Dampfkesselanlagen nicht mehr erforderlich und die dann zur Verfügung stehende mechanische Leistung mindestens doppelt so hoch wie bei Dampfmaschineneinsatz wäre. Die besten Dampfmaschinenanlagen arbeiteten zu dieser Zeit mit 12 % Wirkungsgrad. Für entsprechende Otto-Gasmotoren werden bei Betrieb mit Leuchtgas Wirkungsgrade zwischen 23 und 26 % genannt und 1898 in diesem Zusammenhang schon auf den Dieselmotor mit 30 % Wirkungsgrad hingewiesen.
Unter Berücksichtigung des höheren Wirkungsgrades des Dieselverfahrens wäre der Verdrängungswettbewerb gegen die Maschinen mit Ottoverfahren sicher problemlos durchzuführen gewesen. Aber es sollte anders kommen.
Die in Augsburg durchgeführten Versuche mit Gasbetrieb zogen sich hin. Anfang 1899 lagen dann die Erkenntnisse vor, daß das Dieselverfahren »für den Gasbetrieb prinzipiell ungünstig« sei. Dem Versuchsjournal ist zu entnehmen: »Dem Motor fehlen sämtliche Eigenschaften, die dazu gehören, um mit den bestehenden besten Explosionsgasmotoren in Wettbewerb treten zu können.« Die wirtschaftliche Überlegenheit des Ottoverfahrens hatte sich in diesem Fall bestätigt.
Die Versuche Diesels in Augsburg führten zum sogenannten Zündstrahlverfahren, das für Krupp und MAN mit DRP 109 186 vom 27. Januar 1899 geschützt wurde. Für die weitere Verfolgung der Kruppschen Interessen hatten dieses Patent und der danach gebaute Motor keine Wirkung mehr. Die für den Zündstrahl benötigte Petroleummenge lag bei 50 % des Gesamtverbrauchs. Damit war zu diesem Zeitpunkt ein Diesel-Gasmotor uninteressant. Mehrere Jahrzehnte später wurde diese Lösung wieder aufgegriffen. Heute sind Diesel-Gasmotoren mit Leistungen über 10 000 PS auf dem Markt, die nur etwa 5 % Dieselkraftstoff als Zündöl benötigen. Auch wenn sie bei weitem nicht die Leistungen der heutigen großen Dieselmotoren erreichen, sind sie von großer Bedeutung für Kraft-Wärme-Kopplungs-Anlagen, besonders beim Einsatz in Klärwerken, Deponien und anderen Fällen, in denen eine stetige Gasversorgung nicht gesichert ist, denn sie lassen sich während des Laufes – also ohne jede Unterbrechung – auf reinen Dieselbetrieb und umgekehrt umstellen. Für die Verbreitung des Dieselmotors also auch hier ein wichtiger Ansatz, selbst wenn er erst Jahrzehnte später seine Lösung gefunden hat.
Wie an anderer Stelle bereits erwähnt, ließen die Kapazitäten der Maschinenfabrik Augsburg und Krupps keinen Dieselmotorenbau in größerem Ausmaß zu. Nach der Münchner Ausstellung von 1898 sah es bei Krupp insgesamt nicht gut für den Dieselmotor aus: Die Fertigung in Magdeburg sollte aufgegeben werden, und in Essen mußte der Bau von Dieselmotoren »gänzlich eingestellt werden, da die starke Beschäftigung des Werkes auf anderen Gebieten für absehbare Zeit eine Fabrikation in größerem Maßstabe unmöglich machte«.[69]
Nach einem Brand in der Montagehalle für Gasmotoren 1898, stellte Krupp zunächst den Gasmotorenbau ein und verkaufte den gesamten Magdeburger Motorenbau Ende desselben Jahres an die Maschinenbau-Aktiengesellschaft Nürnberg.
Ein nicht wörtlich von Worsoe wiedergegebenes Schreiben von Krupp an MAN vom 11. November 1902 macht die Hintergründe deutlich. Worsoe schreibt: ». . . der sachliche Grund, daß Krupp nicht zu einer Fabrikation im größeren Maßstab übergegangen ist, [ist] der, daß der Dieselmotor bei der Petroleum-Maschine stehen geblieben und die erwartete Weiterentwicklung, insbesondere auch diejenige zur Gasmaschine, welche wenigstens die indirekte Verwendung der Kohle gestattet hätte, ausgeblieben ist.«[70]
Der Einstieg in den Dieselmotorenbau vollzog sich für Krupp wesentlich später, als man aufgrund der Beteiligung an der Entwicklung hätte erwarten können, und zwar in Kiel.
Mit einem Betriebsüberlassungsvertrag wurde 1896 die Schiff- und Maschinenbau-Aktiengesellschaft »Germania«, Berlin und Kiel, mit der Maschinenfabrik in Berlin-Tegel und der Schiffs-

werft in Kiel-Gaarden, an den Krupp-Konzern angegliedert. Der eigentliche Erwerb dieses Unternehmens erfolgte erst 1902. Am 12. März 1898 wurde Germania-Tegel aufgefordert, die Verwendung von Dieselmotoren als Schiffsantrieb zu untersuchen. Zwischenzeitlich von Augsburg aufgenommene Vorverhandlungen, mit dem Ziel einer Lizenznahme von Gebrüder Howaldt in Kiel, beschleunigten diese Prüfung. Das Ergebnis von Germania war eine Empfehlung für den Schiffsantrieb mit Dieselmotoren und die Herstellung eines ersten Motors für ein im Bau befindliches Fährschiff. Aufgrund der bekannten Situation in Essen geriet die Germania unter den Druck, selbst den Dieselmotorenbau aufzunehmen. Den letzten Anstoß hierzu gab eine Bestellung Rußlands von 1904 über mehrere U-Boote, die dann jedoch Petroleum-Ottomotoren von Gebrüder Körting, Hannover, erhielten, da Dieselmotoren nicht rechtzeitig zur Verfügung standen.

Die Germaniawerft entwickelte auf der Basis von MAN-Unterlagen einen 200-PS-Motor mit dem Ziel, daß das Leistungsgewicht 33 kg/PS nicht überschreiten sollte. Der Motor kam 1907 auf den Prüfstand. Obwohl das Ziel und für den damaligen Stand der Technik ein niedriger Kraftstoffverbrauch von nur 180 g/PSh erreicht wurden, gab man die Entwicklung wegen »des verhältnismäßig noch hohen Gewichtes«[71] wieder auf. Conrad Regenbogen, der technische Leiter der Germaniawerft, sprach übrigens in diesem Zusammenhang vom ersten direkt umsteuerbaren Viertaktmotor. Dieser Prioritätsanspruch ist nicht gerechtfertigt, denn Dyckhoff, Bar-le-Duc, Krupp und MAN hatten bereits mit DRP 107395, vom 25. April 1899, eine Umsteuereinrichtung geschützt bekommen, die sich allerdings noch zweier Nockenwellen bediente. Ein Jahr später entstand bei Dyckhoff ein Motor nach dieser Konstruktion, der direkt umsteuerbar war. Dar-

Viermastbark »Hussar«, 1931 auf der Germaniawerft in Kiel für Edward F. Hutton gebaut. Die Luxusyacht erhielt eine dieselelektrische Doppelschraubenanlage. Mit vier 800-PS-Dieselmotoren und zwei 1350-PS-Elektromotoren erreichte sie eine Geschwindigkeit von 14 kn. An den bis zu 57 m hohen Masten konnte sie bis zu 3200 qm Segelfläche tragen. Heute läuft diese Yacht unter dem Namen »Sea Cloud« – mit dem gleichen Rigg – als Kreuzfahrtschiff.

Nach dem Ersten Weltkrieg nahm Krupp die Produktion stationärer Dieselmotoren wieder in den Essener Werkstätten auf – hier die Montage.

über hinaus hatte Sulzer 1906 in Mailand seinen ersten umsteuerbaren Motor ausgestellt.

Obwohl die Ingenieure der Germaniawerft 1907 erkannten, daß sie die Drehzahl der Motoren erhöhen mußten, um zu brauchbaren Ergebnissen zu kommen, konnte der entscheidende Schritt trotz aller Versuche und Varianten noch nicht getan werden.

Wie Regenbogen in seinem Vortrag[72] auf der Sommertagung der Schiffbautechnischen Gesellschaft im Jahre 1912 in Kiel ausführte, »lieferte die Werft vom Jahr 1908 an, wo im Schiffbau und demgemäß auch im Schiffsmaschinenbau weniger zu tun war, regelmäßig langsamlaufende Viertakt-Dieselmotoren in der üblichen vertikalen Bauart in größerem Maße, gleichzeitig den doppelten Zweck damit verfolgend, sich den nötigen ausgebildeten Arbeiterstand heranzuziehen und für den in der Entwicklung begriffenen und nach klarer Erkenntnis aussichtsreichen Schiffs-Dieselmotorenbau Erfahrungen zu sammeln«.

In den folgenden Jahren entstand in Kiel eine Reihe von Konstruktionen, sowohl für den Antrieb von Handelsschiffen als auch für militärische Verwendung. Letzteres gilt besonders im Zusammenhang mit U-Booten vor und während des Ersten Weltkrieges. Bei den U-Boot-Dieselmotoren handelte es sich zunächst nur um schnellaufende Zweitaktmotoren, von denen der größte eine Leistung von 2000 PS erreichte. Ab 1915 wurden auch Viertaktmotoren als U-Boot-Antriebe entwickelt und gebaut. Besondere Beispiele für deren Anwendung sind die unbewaffneten »Handels«-U-Boote »U-Bremen« und »U-Deutschland« gewesen, die als Blockadebrecher dringend benötigte Güter aus den USA holen sollten.

Während des Ersten Weltkrieges war die Entwicklung von Dieselmotoren für Handelsschiffe vollständig eingestellt worden. Sie wurde unmittelbar nach dem Krieg wieder aufgenommen. Besondere Schwerpunkte in der Anwendung ergaben sich aus den Aufträgen der Werft zum Bau von Tankschiffen und Yachten[73].

Auch in Essen nahm Krupp nach 1918 die Produktion von Dieselmotoren wieder auf, überwiegend für stationäre Anwendungen[74].

Nach dem Zweiten Weltkrieg setzte Krupp die Tradition des Dieselmotorenbaus fort und übernahm 1964 die Maschinenbau Kiel GmbH (MaK), die 1948 gegründet worden war. Sie geht in direkter Linie auf die Deutsche Werke Kiel AG (DWK) zurück. Der Motorenbau begann in diesem Unternehmen 1922, die Dieselmotorenentwicklung Ende der zwanziger Jahre mit Zweitaktmotoren. Anfang der dreißiger Jahre ging man bei DWK auf Viertakt-Dieselmotoren über, die »den internationalen Ruf der Deutschen Werke begründeten«[75]. Nach dem Zweiten Weltkrieg und einer Übergangsphase in den fünfziger Jahren, entwickelte sich MaK zu einem international anerkannten Dieselmotorenhersteller und gehört seitdem unverändert zu den bedeutendsten Anbietern von mittelschnellaufenden Viertakt-Dieselmotoren.

Bei dieser kurzen Darstellung der Kruppschen Dieselmotorenaktivitäten soll nicht übersehen werden, daß Krupp seit den dreißiger Jahren auch im Bereich Nutzfahrzeug-Dieselmotoren tätig war: mit den Antrieben für die Fahrzeuge der Krupp Südwerke und jenen der Fried. Krupp Motoren- u. Kraftwagenfabriken[76].

Das Lizenzwesen des Augsburger Werkes von MAN

Die Lizenzen der frühen Phase des Dieselmotors, von Rudolf Diesel und dem Konsortium Krupp/Maschinenfabrik Augsburg beziehungsweise später von der »Allgemeinen« vergeben, hatten das Ziel, die Patentrechte in den betreffenden Ländern optimal zu nutzen und über die von den einzelnen Herstellern gemachten Erfahrungen neue Impulse für die weitere Entwicklung bzw. Verbesserung des Dieselmotors zu erhalten. Letzterem sollte die Gegenseitigkeitsverpflichtung dienen. Die meisten Verträge hierzu liefen mit dem Verfall der Patente aus. Bis zum Beginn des Ersten Weltkrieges waren fast 75 % aller Patente abgelaufen, in den Kriegsjahren kamen kaum neue Verträge hinzu. Die frühen Lizenznehmer waren »selbständig« geworden.

Die zweite Phase der Lizenzpolitik setzte unmittelbar nach dem Krieg bei MAN ein. Jetzt waren es »Nachbaulizenzen«, die genommen wurden. Über den Lizenzvertrag erhielten die Lizenznehmer von MAN fertige, erprobte Konstruktionen. Sie konnten jegliches Entwicklungsrisiko vermeiden. Fehlschläge waren ausgeschlossen. Meist handelte es sich um Werften, die ihren Schiffsmaschinenbau von der Dampfmaschine auf den Dieselmotor umstellen wollten, jedenfalls soweit Neubauten betroffen waren. Für Dampfmaschinenreparaturen mußte jedoch hinreichende Kapazität erhalten bleiben.

Die Substitution der Dampfmaschine machte nur geringe Fortschritte. Selbst dreißig Jahre nach dem Ersten Weltkrieg hatten noch über 70 % aller Schiffe der Welthandelsflotte oberhalb 2000 tdw Dampfantrieb. Bezieht man die Antriebsart auf die Tonnage, war das Verhältnis für den Dieselmotor noch ungünstiger. Das änderte sich erst in den folgenden Jahren.

Nochmal dreißig Jahre später, also 1978, waren nur noch rund 7 % aller Schiffe oberhalb 2000 tdw dampfbetrieben, deren Tonnage lag jedoch oberhalb von einem Drittel der Gesamttonnage. Der Grund für diese Entwicklung ist relativ einfach: Aufgrund der Schließung des Suez-Kanals 1967 waren große Schiffe, vor allem Tanker gefragt, die zum großen Teil Dampfturbinenantriebe erhielten. Relativ wenige Schiffe, mit großer Verdrängung, trieben so den Tonnageanteil auf den rund fünffachen Wert der Zahl der Schiffe. Insgesamt hatte sich die Welthandelsflotte in diesen dreißig Jahren nach der Zahl der Schiffe fast verdreifacht, war nach der Tonnage aber schon beim Fünffachen angelangt. Seit 1988 sind keine Schiffe oberhalb 2000 tdw mehr mit Dampfturbinenantrieben als Neubauten verzeichnet.

Obwohl die Zahl der Lizenznehmer von MAN in der Zeit zwischen den Kriegen rasch anstieg, nahmen die gelieferten »PS« nur langsam zu. Ein Grund hierfür waren die vergleichsweise niedrigen Antriebsleistungen der damaligen Schiffe. Für 1950 werden als Durchschnitt 3500 bis 4000 PS angegeben, bei 9000 PS in der Spitze. Diese nach heutigem Verständnis geringen Antriebsleistungen der Schiffe hatten auch einen technischen Grund. Bis in die fünfziger Jahre hinein waren in der Schiffahrt überwiegend Saugmotoren im Einsatz. Die Aufladung stand noch am Anfang. Lieferten die Lizenznehmer von MAN zwischen 1918 und 1948 rund fünf Millionen PS, so waren es aufgrund des technischen Fortschrittes und natürlich der Vergrößerung der Welthandelsflotte in den nächsten dreißig Jahren rund 25 Millionen PS.

Kockums in Schweden hat zwischen 1920 und 1939 von allen Lizenznehmern die größte Zahl an Motoren und mit Abstand die größte »Leistung« produziert. In den folgenden neun Jahren, von 1939 bis 1948, baute Kockums rund 577500 PS von insgesamt rund einer Million PS aller ausländischen Lizenznehmer.[77]

In den siebziger Jahren trat die Lizenzpolitik bei MAN in die dritte Phase, die zwar in der Zusammenarbeit mit anderen Unternehmen – zum Beispiel mit Blohm & Voss seit 1909 – Vorläufer hatte, jetzt aber eine maßgebliche betriebswirtschaftliche Dimension bekam. Die Entwicklung eines Großdieselmotors war inzwischen so teuer geworden, daß die finanzielle Kraft eines einzelnen Unternehmens damit fast überfordert wurde, zumal der Kuchen »Weltmarkt« mit den Wettbewerbern geteilt werden mußte, auch wenn das Mitte der siebziger Jahre nur drei Unternehmen und ihre jeweiligen Lizenznehmer waren: MAN, Burmeister & Wain und Sulzer. Sie teilten sich fast 95 % der in Schiffen über 2000 tdw installierten Leistung.

Hierbei darf nicht übersehen werden, daß damit nur die wirklich großen Motoren erfaßt wurden. Ganze Bereiche der Motorschiffahrt berücksichtigt diese Statistik nicht. So fehlen darin die gesamte Binnenschiffahrt, Fischereifahrzeuge einschließlich der Hochseefischerei, Schlepper, Fähren und der ganze Bereich militärischer Wasserfahrzeuge. Insofern dürfen weder die installierten PS noch die Zahl der Motoren als das Weltmarktvolumen für Schiffsdieselmotoren gesehen werden. Schließlich nimmt die Zahl der Motoren mit kleineren Leistungen erheblich zu, und deren insgesamt produzierte Leistung dürfte über derjenigen liegen, die in Schiffen über 2000 tdw installiert ist. Obwohl die Motorenhersteller weltweit sich über die mangelhafte Statistik beklagen, gibt es bis heute keine umfassende Aussage zu Schiffsantrieben. Das liegt unter anderem in den großen Unterschieden zwischen den eingebauten Leistungen, aber auch in der ganz anderen Ausführung der Motoren. Zwischen den schnellaufenden Motoren für kleine Leistungen und den langsamlaufenden der obersten Leistungsklasse liegen Welten. Die Unterschiede betreffen nicht nur die konstruktive Ausführung, sondern vor allem die Wirtschaftlichkeit. Je größer der Motor ist, um so besser sind die Voraussetzungen, einen guten Wirkungsgrad zu erzielen.

Die unzureichende Kostendeckung bei der Vermarktung von Großmotoren führte in den siebziger Jahren zu Kooperationen, die von einer anderen Qualität waren als die bisherigen Lizenzabkommen, die damit aber auch eigenen Gesetzmäßigkeiten unterlagen. Bereits Ende 1970 führte MAN »unter größter Geheimhaltung« Verhandlungen mit Sulzer, die am 31. August 1971 zu einem Kooperationsvertrag führten, der auch Lizenzvereinbarungen enthielt. Bei den Viertaktmotoren sollte ein gemeinsames Programm gebildet werden und bei den Zweitaktmotoren war ein Erfahrungsaustausch vorgesehen. Für die Motoren des »gemeinsamen Programms« durften auch von beiden Seiten Lizenzen vergeben werden.[78)]

Dieser gute Ansatz führte jedoch in eine Sackgasse. Zwar wurde der Vertrag am 30. Mai 1975 verlängert, die Zweitaktmotoren jedoch herausgenommen. Mit einer Zusatzvereinbarung vom 25. Mai 1976 reduzierte man das »gemeinsame Programm« auf zwei Viertaktmotoren. Der Kooperationsvertrag verlor seine Bedeutung.

Wesentlich anders verliefen die Dinge zwischen MAN und Burmeister & Wain A/S, Kopenhagen. Aus den Verhandlungen über eine Kooperation bei Dieselmotoren, die gegen Ende der siebziger Jahre liefen, entstand der Gedanke, ein gemeinsames Unternehmen mit paritätischer Beteiligung zu gründen. Im Oktober 1979 gab MAN bekannt, zum 1. Januar 1980, unter Beteiligung eines norwegischen Partners, mit B & W ein dänisches Unternehmen »formieren« zu wollen. MAN übernahm zunächst 49,75 % der Anteile an der B & W Diesel A/S, Kopenhagen, in die B & W alle zum Dieselmotorengeschäft gehörenden Aktivitäten und Tochtergesellschaften eingebracht hatte. MAN verdoppelte die Anteile bereits im Frühjahr 1980 auf 99,5 %. Nachdem auch der Minderheitsaktionär seine Anteile auf MAN übertragen hatte, war MAN Alleingesellschafter.

Das Großmotorenprogramm von B & W und MAN verteilte man auf zwei Gesellschaften: Bei der heute unter MAN B & W Diesel A/S firmierenden Gesellschaft in Kopenhagen werden schwerpunktmäßig Zweitaktgroßmotoren entwikkelt und produziert, bei der MAN B & W Diesel AG in Augsburg Viertaktgroßmotoren. Bis zum Frühjahr 1982 hatte man diese Aufgabenteilung abgeschlossen. Die Umfirmierungen erfolgten zum 1. Juli 1984, wobei eine Zusammenfassung zu einer Gesellschaft aufgrund der Rechtslage in der Europäischen Gemeinschaft nicht möglich war. So blieb nur eine Führung beider Gesellschaften in Personalunion.

Die Schiffbaukrise in Europa, ausgangs der siebziger Jahre, brachte MAN den frühen Lizenznehmer Rudolf Diesels und späteren Wettbewerber Burmeister & Wain – soweit dessen Dieselmotorenaktivitäten betroffen waren – über den Weg einer Kooperation als Beteiligung ins Haus.

Auch in einem anderen Fall schloß sich der Kreis, wenngleich es sich hierbei nicht um einen Lizenznehmer handelte, der über eine Beteiligung unter den Einfluß der MAN kam: SEMT Pielstick. Eine Behandlung dieses Sachverhalts an dieser Stelle hat insofern seine Berechtigung, als der technische Leiter des Unternehmens, Gustav Pielstick, die Lizenzlandschaft besonders in Frankreich nach 1948 verändert hat.

Gustav Pielstick galt als genialer Konstrukteur, der, wie von Laßberg schreibt, bereits »lange vor dem Kriege durch seine Arbeit für die Deutsche Marine ... weit über die Grenzen der MAN hinaus bekannt geworden ist«.[79] Er hielt nach dem Zweiten Weltkrieg eine Wiedereinstellung bei MAN für ausgeschlossen, stellte eine Gruppe von Mitarbeitern aus der MAN zusammen und ging nach Frankreich, um Dieselmotoren zu entwikkeln. Anfang 1948 nahm die Gruppe bei SEMT (Société d'Etudes des Machines Thermiques) ihre Tätigkeit auf.

Bereits die erste Konstruktion, noch in Anlehnung an einen Motor entstanden, der gegen Ende des Krieges in Augsburg entwickelt worden war, brachte einen vollen Erfolg. Lizenzen konnten vergeben werden. Von Laßberg geht so weit, daß er es als das Verdienst Pielsticks ansieht, »dem mitteltourigen Viertaktmotor in der Schiffahrt Eingang verschafft zu haben«.

Obwohl sich die fünf französischen MAN-Lizenznehmer[80] noch im Februar 1948 dem Unternehmen gegenüber verpflichteten, Pielstick zu ignorieren und die Lizenzverträge weiterzuführen, wurden sie alle untätig. Bei einem dieser Lizenznehmer konnte Pielstick sogar seine Motoren herstellen und erproben, was zwangsläufig die Kündigung des Lizenzvertrages seitens MAN zur Folge hatte.

Das Feld der späteren SEMT Pielstick waren mittelschnell- und schnellaufende Dieselmotoren im Leistungsbereich bis zu 30000 PS in den Anwendungsbereichen Schiffe, Schienenfahrzeuge und stationäre Anlagen.

MAN B & W Diesel und MTU Friedrichshafen übernahmen 1988 eine Mehrheitsbeteiligung von zusammen 51 % an der SEMT Pielstick, die hundertprozentig dem französischen Konzern Alsthom S.A., Paris, gehörte. Alsthom hatte zuvor seine gesamten Dieselmotorenaktivitäten in die Gesellschaft eingebracht.

Im Gegensatz zum Einstieg bei B & W Diesel, erklärten im Fall SEMT Pielstick die übernehmenden Gesellschaften, daß der französische Dieselmotorenhersteller als eigenständiges Unternehmen weitergeführt werden sollte.

Der Eintritt in Kooperationen beendete für MAN nicht die Vergabe von Nachbaulizenzen, wie sie mit der zweiten Phase begonnen hatte. Kooperationen und klassische Lizenzverträge sollten sich ergänzen. Einerseits wollte man die Erfahrungen aus dem Kreis der Lizenznehmer über die Kooperation mit dem Partner austauschen, andererseits über die vom Partner erhaltenen Erfahrungen die eigenen Produkte verbessern und an die Lizenznehmer weitergeben. Mit dieser modellhaften Vorstellung war MAN nahe an den Gegenseitigkeitsverpflichtungen aus der Zeit Rudolf Diesels.

Nach 1945 griff MAN den Grundgedanken, der in der Gegenseitigkeitsverpflichtung steckt, wieder auf. Man führte jedes Jahr Lizenznehmertagungen durch, bei denen die Kommunikation zwischen den Fachleuten aus Entwicklung und Fertigung gepflegt wurde. Die Tagungsberichte ergänzten die Dokumentation der einzelnen Motorenentwicklungen.

Ein weiterer Punkt, der die Lizenznehmer zu einer »Familie« verband, ist von noch größerem Gewicht. Ab Mitte der sechziger Jahre versuchte MAN wieder die Situation herzustellen, die vor dem Zweiten Weltkrieg bestanden hatte: daß alle Lizenznehmer genau nach den Augsburger Zeichnungen bauen. Der darin liegende Vorteil verbessert die weltweite Servicesituation in erheblichem Umfang. Die Kunden müssen nicht mehr beim jeweiligen Lizenznehmer Ersatzteile beziehen, sondern können jeden MAN-Lizenznehmer oder das Stammhaus ansprechen. Heute sind alle Lizenznehmer verpflichtet, Verschleißteile »weltweit austauschbar zu produzieren«.

Der Nutzen jeder Lizenz wurde in Augsburg in der Erhöhung des Weltmarktanteils gesehen. Auch wenn in einzelnen Ländern der Anlauf sehr lang war, bis der erste nach Lizenz gebaute Großmotor die Werkshallen verließ, so führte der Lizenzvertrag nicht nur zu umfangreichen Zulieferungen, sondern gerade beim Anlauf zur Lieferung vollständiger Motoren aus dem Stammhaus. Das galt für Brasilien ebenso wie für Indien.

Die Mehrheit der Lizenzverträge lag mit weitem

Der 1926 von Blohm & Voss für das Kraftwerk in Hamburg-Neuhof gelieferte Dieselmotor war mit seiner Leistung von 15 000 PS zu diesem Zeitpunkt der größte Dieselmotor der Welt. Er blieb bis 1967 im Einsatz.

Abstand bei Schiffsmotoren bzw. Werften. Ähnlich, wenn auch in viel kleinerem Maßstab, verlief die Vergabe von Lizenzen in einem anderen Bereich, in dem es galt, die Dampfmaschine zu ersetzen: bei den Lokomotiven. Hier sah der Markt allerdings ganz anders aus als bei Großmotoren für Schiffe.

Nur wenige Lokhersteller nahmen Nachbaulizenzen, da im Leistungsbereich der Schienenfahrzeuge weltweit eine große Zahl Motorenhersteller vorhanden war. Auch bestand bei den Lokherstellern keine Notwendigkeit, Werkstätten für die Wartung und Reparatur der Lokomotiven bereitzuhalten, da fast alle Eisenbahngesellschaften ihren Service selbst durchführten.

Bei der Betrachtung des Weltmarktes für Schienenfahrzeuge ist außerdem zu berücksichtigen, daß innerhalb nur weniger Jahre auf die Welle der Verdieselung des Schienenverkehrs die Elektrifizierung der Strecken folgte und damit ein markanter Einbruch beim Absatz von Dieselmotoren für Lokomotiven.

Für MAN endete das Geschäft mit Lizenzen für Lokomotivmotoren 1969 mit Gründung der MTU Friedrichshafen, in die sowohl MAN als auch Daimler-Benz ihre Dieselmotorenaktivitäten im Bereich schnellaufender Hochleistungsdieselmotoren einbrachten.

Dieselmotoren für stationäre Anlagen spielten bei der Lizenzvergabe von MAN in der zweiten und dritten Phase nur eine geringe Rolle. Eine Ausnahme hiervon war zum Beispiel das seit 1909 bestehende Lizenzverhältnis mit Blohm & Voss in Hamburg. Dabei ist anzumerken, daß der Vertrag zwischen B & V und MAN, vom 30. März 1917, mehr war als ein reiner Nachbauvertrag, denn darin wurde die besondere Rolle von B & V »als Mitarbeiter und Compagnon« anerkannt. Auch der erste Vertrag von 1909 sah schon eine gemeinsame Entwicklung vor.

Neben Schiffsantrieben entstanden bei B & V bereits in den Anfängen der Zusammenarbeit mit MAN Motoren für stationäre Anlagen. Herausragendes Beispiel ist der 1926 gelieferte 15 000-PS-Motor für das Kraftwerk Hamburg-Neuhof, seinerzeit der größte Dieselmotor der Welt, der bis 1965 im Einsatz war.

Die Weiterenwicklung des Dieselmotors – Innovationen und Anwendungen

Die Umsteuerung von Schiffsmotoren

Bei fast allen Lizenznehmern aus der frühen Phase des Dieselmotors ist das Bestreben festzustellen, sich unabhängig von den Augsburger Konstruktionen zu machen. Dies gilt auch für Mirrlees, Watson & Yaryan Co. Ltd. in Glasgow. Zeichnungen, die Diesel Anfang Dezember 1897 erhielt, zeigen eine Dreizylinder-Kreuzkopfmaschine mit einer Umsteuereinrichtung. Um die Drehrichtung des Motors zu ändern, sollten die Nocken seitlich verschoben werden. Schnauffer bezeichnet diese Zeichnungen von Mirrlees als zweifelsfrei ersten Entwurf eines umsteuerbaren Dieselmotors. Da nach diesen Zeichnungen nie ein Motor gebaut wurde, der das Prinzip hätte unter Beweis stellen können, dauerte es noch einige Jahre, bis direkt umsteuerbare Dieselmotoren zur Verfügung standen.

Auch der gebürtige Schweizer Frédéric Dyckhoff gehörte zum Kreis der ersten Lizenznehmer Rudolf Diesels. Er ist darüber hinaus der erste gewesen, der sich eingehend und mit Erfolg dem Schiffsantrieb mit Dieselmotoren gewidmet hat. Sein 1899 entwickelter Schiffsdieselmotor mit einer Leistung von 15 PS hatte eine direkte Umsteuereinrichtung, die sich jedoch noch zweier oder mehr Nockenwellen bediente, die man wechselweise in Eingriff brachte. Die Nockenwellen wurden dazu um ihre gemeinsame Antriebswelle geschwenkt. In Deutschland war diese Technik unter DRP 107395 vom 25. April 1899 Dyckhoff, Krupp und MAN geschützt. Obwohl um 1900 ein Versuchsmotor entstand, der auch als Lokomotivmotor dienen sollte, erfolgte kein Einbau in ein Schiff oder eine Lokomotive.

Über die folgende Konstruktion Dyckhoffs liegen nur wenige gesicherte Daten vor. Der Motor soll eine Leistung von 30 PS gehabt haben und wurde vermutlich von Sautter, Harlé & Cie. in Paris gebaut. Sicher ist, daß dieser Motor 1903 in einem Lastkahn installiert wurde. Das Umsteuern ermöglichte ein Verstellpropeller. Warum die Umsteuereinrichtung gemäß DRP 107395 nicht verwendet wurde, ließ sich nicht ermitteln.

Das System Del Proposto von 1903 und der Kettenantrieb auf der Djelo 1908 waren nur Hilfslösungen, ohne weiterreichende Bedeutung. Die Umsteuerung nach Hesselman hat dagegen größere Bedeutung erlangt. Er konnte Lizenzen vergeben, zum Beispiel 1910 an Benz.

Bei MAN nahm man 1902 die Entwicklung von Schiffsmotoren auf und begann 1903 mit der Entwicklung einer Umsteuereinrichtung. Die Motordrehrichtung sollte mit Hilfe eines Wendegetriebes im Antrieb der Nockenwelle umgekehrt werden. Versuche hierzu wurden 1906 mit einem 140-PS-Motor aufgenommen, ein Jahr später bereits die ersten Motoren für das französische U-Boot »Circe« geliefert. Auch diese Lösung brachte noch nicht den Durchbruch. Ab 1910 lieferte MAN Zwei- und Viertaktmotoren mit der heute noch üblichen Art der Umsteuerung, bei der die Nockenwelle in Längsrichtung verschoben wird und nebeneinander jeweils zwei Nocken für jedes Ventil, einer für Voraus- und einer für Rückwärtsfahrt, angeordnet sind.

Die Voraussetzungen hierfür hatte Nobel in St. Petersburg mit dem Dreizylinder-Zweitaktmotor geschaffen, der ab 1905 erprobt wurde. Ab 1907 erfolgte die Umsteuerung von Viertaktmotoren nach diesem Prinzip.

Auch hier gab es einen Prioritätenstreit. Gebrüder Sulzer reklamierte bereits mit Schreiben vom 24. Juni 1911 bei Rudolf Diesel, 1905 den ersten direkt umsteuerbaren Dieselmotor gebaut zu haben.[81] Der Brief trägt die Randbemerkung von Diesels Hand: »stimmt ... nicht ganz; der erste umsteuerbare Motor ist 1899/1900 von Dyckhoff in Barleduc gebaut worden und ging sehr gut.«

Die Umsteuerung der Motoren über das Verschieben der Nockenwelle erfolgte zunächst von Hand, später mit Hilfsantrieben. Ab 1910 war dies Stand der Technik.

Die Hochdruckeinspritzung beschleunigt die Dieselmotorenentwicklung

Die Bedeutung der Hochdruckeinspritzung für Entwicklung und Verbreitung des Dieselmotors war Anfang der zwanziger Jahre noch umstritten. Aus heutiger Sicht ist es völlig unverständlich, daß verschiedene Fachleute zu dieser Zeit in der hydraulischen Einspritzung des Kraftstoffs beim Dieselmotor kein »vordringliches« Problem sahen. Allenfalls für Motoren kleiner Leistung, bei denen der zusätzliche Aufwand für Kompressor, Luftbehälter, Leitungen und dergleichen vielleicht größere Akzeptanzprobleme bot, hielt man sie für wichtig. Welcher die Entwicklung und damit die Verbreitung des Dieselmotors behindernde Fehlschluß hierin lag, wurde wenig später deutlich.

Auch bei MAN in Augsburg galt Anfang 1922 noch die Auffassung, daß kompressorlose Dieselmotoren für größere Leistungen »vorerst kaum in Frage kommen«[82]. Für kleine Motoren, die in Fahrzeugen verwendet werden sollten, hatte man 1918, direkt nach Kriegsschluß, die Versuche mit der »unmittelbaren Einspritzung« fortgesetzt. Die daraus resultierenden Ansprüche wurden mit DRP 349124 vom 26. Juli 1919 geschützt. Das Einspritzelement hatte allerdings noch eine offene Düse.

MAN nutzte diese Technik nicht nur für Fahrzeugmotoren. Im September 1923 konnte ein 70-PS-Motor mit hydraulischer Einspritzung als Hilfsmaschine für ein Schiff geliefert werden. Von diesem Zeitpunkt an baute MAN kompressorlose Dieselmotoren zunächst mit Leistungen bis 300 PS. Den ersten Großmotor mit dieser Technik – ein doppeltwirkender Zweitaktmotor mit einer Leistung von 5000 PS – lieferte das Unternehmen 1928.

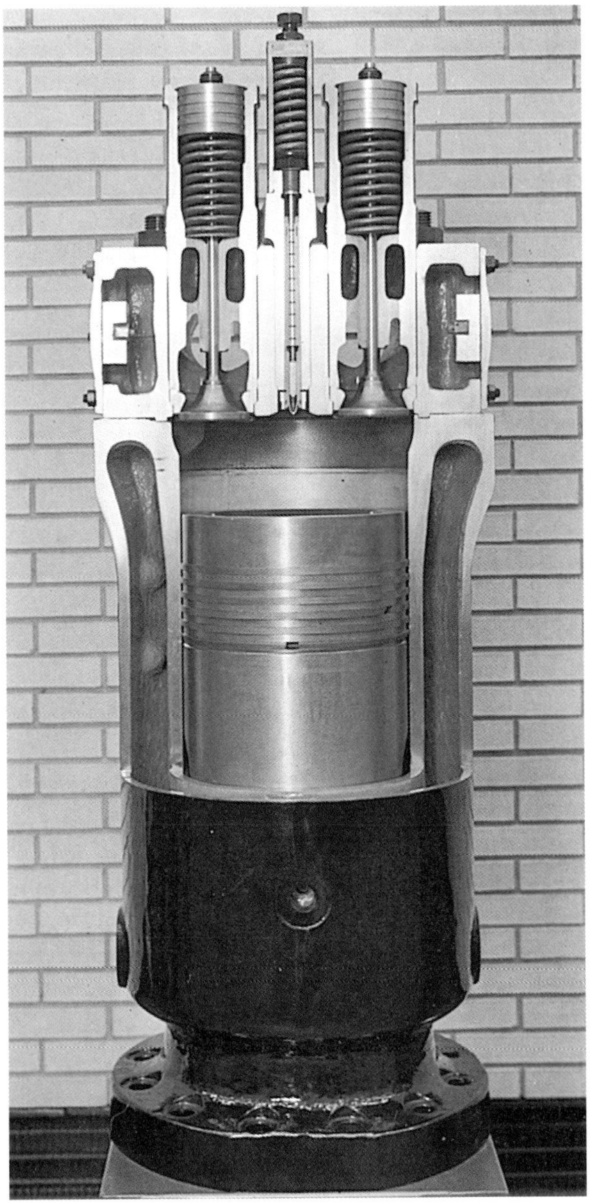

Schnitt durch Zylinder und Zylinderkopf eines VM-Motors der Motorenfabrik Deutz, mit dem Anfang der zwanziger Jahre die Hochdruckeinspritzung eingeführt wurde. Sie war richtungweisend für die weitere Entwicklung der Einspritztechnik des Dieselmotors.

Das von der Schiffswerft C. H. Stülcken & Sohn, Hamburg, für die Hamburger Hafen-Dampfschiffahrtsgesellschaft 1925 gebaute Fahrgastschiff »Jan Molsen« erhielt als eines der ersten Schiffe kompressorlose Dieselmotoren von MAN. Vertragsgemäß sollte das Schiff zwei Viertaktmotoren mit einer Leistung von je 300 PS erhalten und 11 kn laufen. Der Kraftstoffverbrauch durfte dabei 175 g/PSh nicht überschreiten. Ein Motor ist vor dem Einbau ausführlich von einem Sachverständigen untersucht worden.[83)] Danach lag der Vollastverbrauch mit 167,5 g/PSh unter den vertraglichen Bedingungen. Die »Jan Molsen« lief mit der genannten Leistung sogar 2 kn schneller als von der Werft zugesichert.

Die Gasmotoren-Fabrik Deutz hatte 1920 die Entwicklung an der hydraulischen Einspritzung wieder aufgenommen. Sie führte zur Patentanmeldung vom 23. Juni 1922 und Erteilung des DRP 473 826 am 7. März 1929. Zusätzlichen Schutz auf diese Technik erwarb die GFD in Österreich und in der Schweiz.

Zweifel an der Deutzer Priorität kamen insofern auf, als Hesselman bereits am 25. August 1921 in Schweden und am 25. Juli 1922 in Deutschland seine Patentansprüche anmeldete, die zum DRP 409 896 führten.

Aufgrund des Nachweises, daß die Einspritzung bei Deutz bereits erprobt war, bevor Hesselman sein Patent anmeldete, konnte ein Prioritätsoder Patentstreit vermieden werden. Sass schrieb dazu am 17. Februar 1965 an Goldbeck, daß die Auffassung bei der GFD wohl begründet gewesen sei, man wäre in den Jahren 1921/22 als einziges deutsches Unternehmen nicht von den Hesselman-Patenten abhängig gewesen. Er legte in diesem Schreiben dar, warum Deutz keine Rücksicht auf die Hesselman-Patente zu nehmen brauchte. Diese Aussage von Sass trifft natürlich nur auf den engen Zeitraum 1921/22 und Motoren höherer Leistung zu. Denn ab 1923 wandte MAN das hydraulische Einspritzsystem auch bei Motoren größerer Leistung an.

Die Anfänge des Dieselmotorenbaus gehen bei AEG bis auf das Jahr 1906 zurück. Nach dem Ersten Weltkrieg beschäftigte sich das Unternehmen mit der Entwicklung von Schiffsdieselmotoren und arbeitete dabei eng mit Burmeister & Wain und der Deutschen Werft zusammen. Ab 1919 besaß AEG eine B & W-Lizenz für den Bau von Dieselmotoren für die Handelsschiffahrt. Im Rahmen der Arbeiten am kompressorlosen Dieselmotor wurde man auf Hesselman aufmerksam und erwarb 1925 seine Patente.

Für die weitere Entwicklung des kompressorlosen Dieselmotors nimmt AEG in Anspruch, als erstes Unternehmen den Beweis erbracht zu haben, »daß die Druckeinspritzung, auch bei Dieselmaschinen größter Abmessungen einschließlich doppelt wirkender Motoren, den Bau betriebssicherer Maschinen ermöglicht«.[84)]

AEG konnte schließlich Lizenzen an Krupp, die Germaniawerft, Stork, Busch-Sulzer und Nordberg vergeben.

Anfang der dreißiger Jahre kam es zu einigen Patentstreitigkeiten zwischen deutschen Motorenherstellern. Wie zum Beispiel dem Protokoll über die MAN-Aufsichtsratssitzung vom 19. Juni 1935 zu entnehmen ist, schwebten zwischen AEG und dem Unternehmen verschiedene Prozesse über Dieselmotoren-Patente, »deren Ausgang ungewiss gewesen sei. Man habe es daher für richtig gefunden, mit der AEG über eine freundschaftliche Erledigung der Prozesse zu verhandeln«.

Das in der Aufsichtsratssitzung vorgetragene Ergebnis der Verhandlung führte zur Zurücknahme der jeweiligen Klagen und zum Verzicht von AEG auf den Bau von Dieselmotoren zu Gunsten MAN. In diesem Zusammenhang gingen die Rechte an den Hesselman-Patenten und die damit verbundene Verpflichtung zur Lizenzzahlung an Hesselman auf MAN über. Darüber hinaus zahlte MAN eine hohe Abfindung an AEG.

Ein sich danach anbahnender Patentstreit zwischen MAN und der Motorenfabrik Deutz konnte aufgrund der in Köln vorliegenden Zeichnungen abgewendet werden.[85)] Die Vorbenutzung wurde schließlich von MAN anerkannt. Hesselman und Deutz hatten etwa zeitgleich, völlig unabhängig voneinander die gleiche Erfindung gemacht. Bei Deutz wurde sie jedoch zwei Jahre vor der Einreichung zum Hesselman-Patent konstruktiv umgesetzt.

Goldbeck und Arnold Langen stimmen hier insoweit überein, daß sie den patentrechtlichen Schutz, den das DRP 473 826 bot, als völlig unzureichend und der Bedeutung des technischen Fortschrittes, der damit verbunden war, als nicht angemessen betrachteten.[86)] Dies gilt insbesondere für die – im Gegensatz zum MAN-Patent –

geschlossene Düse, die richtungweisend für die weitere Entwicklung der Einspritztechnik wurde. Schnell erwies sich, welche Vorteile mit der hydraulischen Einspritzung verbunden waren. Die Verdichtung des Dieselmotors konnte abgesenkt werden, was sich entsprechend in einer geringeren Beanspruchung der Bauteile ausdrückte, und die Drehzahl ließ sich steigern. Mit diesem Innovationssprung wurden die Dieselmotoren spezifisch leichter und einfacher im Aufbau.

Der Grund für die hohe Verdichtung bei der Lufteinblasung des Kraftstoffes lag in der erforderlichen Verdichtungsendtemperatur. Diese mußte so hoch liegen, daß die »kalte« Einblaseluft bei der Vermischung mit der verdichteten Luft deren Temperatur nicht unter die Zündtemperatur des Kraftstoffes drückte.

Die folgenden Jahre waren von umfangreichen Entwicklungsaktivitäten bestimmt, um die Motoren mit dieser Einspritztechnik zu optimieren und einen bestmöglichen Kraftstoffverbrauch zu erzielen. Im ersten Ansatz glaubte man, die Kolbenform sei entscheidend, entsprechend wurden unterschiedliche Formen untersucht. Erst später – etwa 1940 – stellte sich die Erkenntnis ein, daß der Verlauf der Einspritzung von viel größerer Bedeutung für den Kraftstoffverbrauch ist.

Mit der hydraulischen Hochdruckeinspritzung war Anfang der zwanziger Jahre ein weiterer wichtiger Schritt zur Verbesserung der Dieseltechnik getan. Sie ermöglichte eine weitgehende Beherrschung des Einspritzvorganges. Arnold Langen schrieb stolz in seinen Lebenserinnerungen[87]: »Mit dem neuen kompressorlosen Dieselmotor kam Deutz mit einem Schlage an die Spitze des deutschen Verbrennungsmotorenbaues und das zu einer Zeit, wo die Geschäfte überall darnieder lagen.«

Als spezifischer Kraftstoffverbrauch wurde 1924 an den Deutzer Motoren mit hydraulischer Einspritzung 170 g/PSh gemessen und 1926 nur noch 161 g/PSh. Für Schiffsantriebe boten die Motoren den Vorteil einer großen Elastizität, d. h. sie konnten ihre Leistung über einen weiten Drehzahlbereich abgeben. Auf die Umsteuerung dieser Motoren nahm die Motorenfabrik Deutz allein fünf Patente.

Erhielten 1923 noch weniger als 10 % aller in Deutschland auf Kiel gelegten Schiffe Dieselmotoren als Hauptantrieb, so wurden für 1924 bereits rund 40 % genannt. Im Jahr darauf waren für 70 % aller in Deutschland im Bau befindlichen Schiffe Dieselmotorenantriebe vorgesehen.[88]

Über den Einsatz in einem Hafenschlepper wird berichtet, daß dieser mit dem Deutzer Dieselmotor einen wöchentlichen Aufwand für Brennstoff, Öl und Bedienung hatte, der bei einem vergleichbaren Dampfschiff täglich aufzubringen war. Das erste Flußschiff mit Dieselmotorenantrieb auf dem Yangtse erhielt 1924 drei dieser Motoren. Bei einem Wettbewerb für Motor-Fischereifahrzeuge in La Rochelle holte sich 1926 ein Fischer den ersten Preis mit diesem Deutzer Motor für Betriebssicherheit, Kraftstoffverbrauch, allgemeine Leistungen und Bedienung. Die »Beethoven«, 1927 in Dienst gestellt, war das erste Fahrgastschiff mit Dieselmotorenantrieb auf dem Rhein. Auch sie erhielt einen der neuen Motoren von Deutz.

Die ersten Antriebe mit Dieselmotoren in der Rheinschiffahrt dürfte Benz & Cie. kurz nach 1910 geliefert haben. Förster geht darauf in einer Veröffentlichung von 1937[89] ein. Bei den Motoren handelte es sich um die direkt umsteuerbaren Zweitakter nach dem Patent von Hesselman, die auch »ohne Zuhilfenahme eines Zündbrennstoffes« mit Teeröl betrieben werden konnten. Über Betriebsergebnisse im Rheinschlepper »Benz 16« wurde bereits 1913 berichtet.[90]

Die Aufladung der Dieselmotoren

Wenn von Aufladung die Rede ist, so denkt man heute allgemein an die Nutzung der im Abgas eines Verbrennungsmotors steckenden Energie zur Leistungserhöhung und zur Verbesserung des Wirkungsgrades. Zweifellos ist das die am weitesten verbreitete, aber nicht die einzig mögliche Form der Aufladung. Mechanisch angetriebene Verdichter standen zum Beispiel immer wieder im Interesse der Entwicklungsingenieure, haben jedoch keine langfristige und auch keine große wirtschaftliche Bedeutung erlangt. Zu nennen sind hier Stichwörter wie Rootsgebläse und Comprexsystem. In jüngster Zeit hat ZF Friedrichshafen sich diesem Thema gewidmet und ein mechanisch angetriebenes Aufladesystem, den ZF-Turmat vorgestellt. Welche Marktchancen dieses System hat, muß abgewartet werden.

Welche Bedeutung die in den Zylinder gebrachte Luftmenge für die Leistungsabgabe hat, war Rudolf Diesel schon im Frühjahr 1896 klar geworden. Sass schrieb dazu: »Diesel hatte erkannt, daß die erreichbare Leistung nicht nur von der zugeführten Brennstoffmenge, sondern auch von der im Zylinder eingeschlossenen Luftmenge abhängt, wenn man dem Motor mehr Luft zuführt, kann man mehr Brennstoff geben und erhält eine entsprechend größere Leistung. Sofort meldet Diesel den Gedanken zum Patent an.« Nach Einspruch der GFD und anschließendem Beschwerdeverfahren erhielt Diesel den Gedanken als Zusatz zum Hauptpatent DRP 67207 am 29. Oktober 1897 unter DRP 95680 geschützt.

Der Anspruch lautet: »Eine Ausführungsart des im Patent Nr. 67207 gekennzeichneten Verfahrens, bei welcher zwecks mehrstufiger Compression an den Verbrennungsraum der Eincylindermotoren eine Vorcompressionspumpe mit Zwischenbehälter angeschlossen wird, wobei die Leistung durch Veränderung des Druckes in dem Zwischengefäß geregelt werden kann.«

Über Versuche mit dieser Vorkompression liegt unter anderem ein Indikatordiagramm vom 12. Dezember 1896 vor. Die Ergebnisse befriedigten Diesel jedoch nicht. Der Leistungsbedarf für die Vorkompression war offenbar zu hoch. Daher verließ er diesen Weg wieder. So war die Aufladung in der frühen Phase des Dieselmotors nur eine Episode.

Ab 1916 führte die MAN dann Versuche mit »Fremdaufladung« durch, die ab 1924 bei einigen Motoren eingesetzt wurde. Dabei lieferte ein elektrisch angetriebenes Gebläse dem Motor verdichtete Luft. Die Leistungssteigerung betrug rund ein Drittel. Auch die Lizenznehmer von MAN setzten diese Methode ein, zum Beispiel Blohm & Voss bei den Antriebsanlagen der Schwesterschiffe »Monte Sarmiento« und »Monte Olivia«. Wie Zinner 1958 in den MAN-Dieselmotoren-Nachrichten schrieb,[91] »hat sich diese Form der Aufladung bei Schiffsmotoren ... nicht durchgesetzt«. Der Grund war die »mangelnde Wirtschaftlichkeit«.

Die von dem Schweizer Ingenieur Alfred Büchi entwickelte Abgasturboaufladung verbindet vorteilhaft einen relativ einfachen Aufbau mit der Nutzung der Abgasenergie. Aufgrund dieser Fakten hat sie sich im Dieselmotorenbau durchgesetzt und im oberen Leistungsbereich erheblich zur weiteren Verbreitung des Dieselmotors gegenüber der Dampfmaschine beigetragen. Seine ersten Vorschläge stammen von 1905 (DRP 204630).

Beim Büchi-Verfahren setzt eine Turbine die kinetische und thermische Energie des Abgases in mechanische Energie um und treibt einen Verdichter an, der seinerseits die in den Motor strömende Luft vorverdichtet. Die Zylinder des Motors werden so mit mehr Luft gefüllt als beim Saugmotor. Folglich kann auch mehr Kraftstoff eingebracht werden, womit sich, bei unverändertem Hubraum, wie schon Rudolf Diesel erkannt hatte, eine höhere Leistung des Motors ergibt. Die Aufladung erhöht also die Leistungsdichte eines Motors. Darüber hinaus verbessert sie den Wirkungsgrad.

Ein entscheidender Schritt in der weiteren Entwicklung des Büchi-Verfahrens war der Übergang von möglichst konstantem auf schwankenden Abgasdruck vor der Turbine, etwa Mitte der zwanziger Jahre (DRP 568855). Erst damit kam der Durchbruch.

Büchi hat sich 1926 mit der Aktiengesellschaft Brown, Boveri & Cie., Baden, und der Schweizerischen Lokomotiv- & Maschinenfabrik, Winterthur, zum sogenannten Büchi-Syndikat zusammengeschlossen, um die Entwicklung auf breiter Basis betreiben zu können.

In dem am 14. Mai 1927 ausgefertigten Lizenzvertrag zwischen dem Syndikat und der Motorenfabrik Deutz, der zwischen dem 25. Mai und dem 18. Juni 1927 von allen Partnern unterzeichnet wurde, sind mehr als 20 Patente bzw. Patentanmeldungen als »Gegenstand« des Vertrages genannt. Die älteste Priorität stammte danach vom 2. November 1915, die Patente aus der Zeit nach 1921. Deutz verpflichtete sich, spätestens ein halbes Jahr nach Inkrafttreten des Vertrages einen Motor mit Abgasturboaufladung zu bauen, der

mindestens eine Leistung von 750 PS haben mußte. Der Abgasturbolader sollte von BBC kommen.
Serienmäßig lieferte Deutz Dieselmotoren mit der Büchi-Aufladung ab 1932. Als Vorteile wurden genannt: Das Hubvolumen gibt bei Büchi-Aufladung ohne Gefährdung der Bauteile eine um 35 % gesteigerte Dauerleistung her, ohne eine damit verbundene Erhöhung des spezifischen Kraftstoffverbrauchs. Mit 35 % Leistungssteigerung war Deutz recht vorsichtig, denn 50 % ließen sich problemlos erzielen.
Offenbar muß selbst in Fachkreisen in der Frühzeit der Aufladetechnik die Aufladung mit Überlastung verwechselt worden sein. Auf dieses Mißverständnis ging ein Fachbeitrag in der »Hansa« aus dem Jahr 1940 ein.[92] Der Beitrag zeigt, daß die Wärmebelastung bis zu 50 % Leistungssteigerung eher geringer ist als beim Saugmotor und der Verbrennungsdruck nur über einen längeren Zeitraum anhält, aber nicht wesentlich höher ist als beim Saugmotor.
MAN hatte 1929 eine Lizenz auf das Büchi-Patent DRP 568 855 genommen und danach einen Motor mit Aufladung gebaut. Ein voller Lizenzvertrag wurde jedoch erst im September 1935 abgeschlossen. Der Vertrag betraf wie bei der Motorenfabrik Deutz eine nicht ausschließliche Lizenz für die Aufladung von Zwei- und Viertaktmotoren. Auch hier durften, von Sonderfällen abgesehen, nur BBC-Lader verwendet werden, soweit sie nicht selbst hergestellt wurden. Der Vertrag war zunächst für zehn Jahre abgeschlossen, verlängerte sich aber bis zum Ablauf der Patente. Die MAN mußte daher ihrerseits alle ihre Lizenznehmer an den Vertrag mit dem Büchi-Syndikat binden, zum Beispiel noch 1953 Baldwin, da die belgischen und niederländischen Patente bis 1955 liefen.
Von Laßberg berichtet dazu,[93] daß die Aufladung der Viertaktmotoren so erfolgreich war, daß »MAN ganz erhebliche Summen an Büchi abzuführen« hatte. Allein für die Aufladung von rund 370 U-Boot-Motoren, die 1943 und 1944 gebaut wurden, mußten rund 2,5 Millionen RM an Lizenzgebühren gezahlt werden. Interessanterweise gab es darauf einen »Mengenrabatt«, wonach nur noch 1,4 Millionen RM fällig waren.
Bei zivilen Einsätzen ging die Entwicklung nicht so schnell voran. Der Zweite Weltkrieg hat aufgrund anderer Prioritäten die weitere Entwicklung in diesem Bereich sicher behindert. Andererseits hat der bis in die fünfziger Jahre reichende Patentschutz offenbar gegen eine rasche Verbreitung der Idee gewirkt. Eine breite Nutzung der Aufladung und des damit verbundenen verbesserten Potentials des Dieselmotors kam erst im Laufe der fünfziger Jahre zum Tragen. Bei den Viertaktmotoren setzte diese Entwicklung früher ein. Sie wurden Ende der fünfziger Jahre mit 50 bis 100 % »normal«- oder mit bis zu 200 % »hoch«-aufgeladen, während Zweitaktmotoren in dieser Zeit erst 25 bis 40 % als Aufladegrad erreicht hatten. MAN realisierte mit der Hochaufladung von Viertaktmotoren bereits 1950 einen Wirkungsgrad von 45 %.
Mit der Abgasturboaufladung sowohl von Viertakt-, besonders aber von Zweitakt-Dieselmotoren, verschob sich die Situation bei Schiffsantrieben weiter zugunsten der Dieselmotoren. Die Aufladung ermöglichte erst die volle Substitution der Dampfmaschine sowie letztlich auch der Dampfturbine. Selbstverständlich hat die Aufladung für die Substitution im Bereich der Schienenfahrzeuge ebenfalls eine Rolle gespielt, wenngleich nicht im selben Ausmaß; da es hier zunächst darum ging, mit schnellaufenden Motoren die für den Bahnbetrieb geeigneten kleinen Einheiten mit hoher Leistungsdichte zu schaffen. Die Aufladung war dann nur noch der abschließende Schritt zum optimalen Motor für Schienenfahrzeuge.

Dieselmotoren für Schienenfahrzeuge

Bis zum Ende des neunzehnten Jahrhunderts waren Lokomotiven fast ausschließlich von Dampfmaschinen angetrieben. Je nach Verfügbarkeit wurden sie mit festen oder flüssigen Brennstoffen gefeuert. Um die Jahrhundertwende kamen die ersten Elektrolokomotiven auf. In diesen

Wettbewerb trat der Dieselmotor erst relativ spät ein, obwohl es mehrere Ansätze gegeben hat, seine Vorteile auch auf der Schiene zu nutzen. Wegbereiter mit ersten Entwürfen waren in England, Rußland, Schweden, in der Schweiz und in Deutschland am Werk.
Entscheidendes Problem für den Dieselantrieb auf der Schiene war weniger der Motor selbst, der natürlich in den vom Lichtraumprofil der Bahnen vorgegebenen Raum passen mußte, als vielmehr das erforderliche hohe Anfahrmoment bei Drehzahl oder besser bei Geschwindigkeit »null«. Versucht wurde der direkte Antrieb 1912 von Sulzer und wesentlich später noch mal von der Motorenfabrik Deutz. Durchgesetzt haben sich schließlich sowohl der dieselelektrische als auch der dieselhydraulische Antrieb von Lokomotiven und Triebwagen. Bis dahin war es jedoch ein weiter Weg.
Rudolf Diesel, Adolf Klose und Gebrüder Sulzer gründeten 1906 in München die »Gesellschaft für Thermolokomotiven, Diesel-Klose-Sulzer GmbH«. Die Anregung dazu ging von Klose aus, der einen Vorschlag für eine direktangetriebene Diesellokomotive entwickelt hatte.
Wie Stockklausner schreibt,[94)] erhielt die Gesellschaft von der königlich-preußischen Eisenbahnverwaltung die Aufforderung, ein Angebot über »eine leistungsfähige Diesellokomotive« abzugeben. Das Angebot für eine 1500-PS-Lokomotive lag im Juni 1908 vor, die Auftragserteilung erfolgte im April 1909. Nach dem Entwurf von Klose baute Borsig in Berlin die eigentliche Lokomotive, und Sulzer in Winterthur übernahm die Konstruktion und Ausführung von Haupt- und Hilfsmotor sowie die gesamte Montage.
Ende August und Anfang September 1912 berichteten die Schweizer Zeitungen über die Versuchsfahrten auf den Strecken Winterthur – Frauenfeld und Winterthur – Romanshorn, bei denen Geschwindigkeiten zwischen 78 und 88 km/h erreicht wurden. Dafür stand eine Leistung von 1200 PS aus einem umsteuerbaren Vierzylinder-Zweitaktmotor zur Verfügung. Da die Hauptprobleme im Anfahren lagen, konnte nur eine maximale Zugkraft von 3000 kg aufgebracht werden, was offensichtlich für ein Zuggewicht von 120 t ausreichte. Zwischen dem 31. März und dem 4. April 1913 erfolgte die Überführung der Lokomotive von Winterthur über Basel, Straßburg, Ludwigshafen und Worms nach Berlin-Grunewald, von wo aus weitere Versuchsfahrten durchgeführt wurden. Der Erste Weltkrieg beendete diese Entwicklung.
Ob eine wirtschaftliche Lösung mit dem gewählten Prinzip, also dem direkten Antrieb, hätte erzielt werden können, ist zumindest zweifelhaft. Nach Stockklausner lagen die Kraftstoffkosten für Heißdampflokomotiven zu dieser Zeit bei 4 Pfennig pro PS und Stunde, während der beste Verbrauch der »Thermo-Lokomotive« nur 5,7 Pfennig erreichte. Der verwendete Kraftstoff war Teeröl zu einem Preis von 11,– Mark pro 100 kg.
Ohne auf technische Einzelheiten einzugehen, soll noch beschrieben werden, wie denn dieser direkte Antrieb – ohne Kupplung – funktionierte: Mit dem Hilfsmotor wurde Druckluft in der Menge erzeugt, die ausreichte, um den Zug auf eine Geschwindigkeit von etwa 10 km/h zu bringen. Der Dieselmotor lief also beim Anfahren als Druckluftmotor und wurde dann auf Dieselbetrieb umgeschaltet. Zum Anhalten mußte nur der Kraftstoff abgeschaltet werden. Die Druckluft des Hilfsmotors diente mit entsprechender Zwischenkühlung auch der »Aufladung« des Hauptmotors, um an Steigungen eine größere Leistung abgeben zu können, sowie natürlich zur Einblasung des Kraftstoffs.
Rund zehn Jahre später entstand die erste große Diesellokomotive bei der Maschinenfabrik Esslingen. Wie einer MAN-Druckschrift[95)] zu entnehmen ist, sollte sie ursprünglich von der Hohenzollern AG in Düsseldorf gebaut werden. Aufgrund der Besetzung des Ruhrgebietes 1923 bis 1925 mußten jedoch Bau und Erprobung der Maschinenfabrik Esslingen übertragen werden, nachdem die Durchführung des Entwurfs für die diesel-elektrische Lok von der Hohenzollern AG fertiggestellt worden war.[96)] Für den elektrischen Teil der Lok war BBC, Baden, zuständig und für den Dieselmotor MAN.
Ausgangspunkt für diese Entwicklung waren die Leistungen von dampfbetriebenen Güterzuglokomotiven der Russischen Staatsbahn. Die Vorteile einer Diesellokomotive wurden nicht nur im geringeren Kraftstoffverbrauch gegenüber der Dampflokomotive gesehen, sondern vor allem im geringeren Wasserverbrauch »beim Eisenbahnbetrieb in den wasserarmen Steppen Südrusslands«.

Mit einem schnellaufenden MAN-Dieselmotor, der eine Leistung von 1200 PS hatte, konnte die Lok auf einer Steigung von 10:1000 Güterzüge mit einem Gewicht von 1000 t ziehen. Ihre Höchstgeschwindigkeit betrug 50 km/h. Der Dieselmotor arbeitete noch mit Lufteinblasung des Kraftstoffs. Um Wasserverluste zu vermeiden, wurde ein geschlossenes Kühlsystem vorgesehen, das im Winter über einen auf der Lok angeordnetem Oberflächenkühler eine ausreichende Rückkühlung des Kühlwassers sicherstellte. Im Sommer mußte die Lok mit einem zusätzlichen Kühltender gefahren werden.
Die hydrodynamische Variante des Zugantriebs mit Dieselmotoren wurde bei Vollbahnlokomotiven in Deutschland 1935 mit der Lok V140 von Krauss-Maffei realisiert.[97)]

Erste Vollbahnlokomotive mit hydrodynamischer Leistungsübertragung, 1935 von Krauss-Maffei gebaut. Den Dieselmotor mit 1400 PS Leistung lieferte MAN und das hydrodynamische Getriebe Voith. Diese Lok steht im Deutschen Museum in München.

Beteiligt an dieser Innovation waren außer Krauss-Maffei noch Voith, zuständig für die hydraulische Leistungsübertragung, und MAN als Lieferant eines Dieselmotors, dessen Struktur zur Versteifung des Lokrahmens herangezogen wurde. Der Achtzylinder-Reihenmotor hatte eine Leistung von 1400 PS.
Nachdem die V140 auf der Jahrhundertschau der deutschen Eisenbahnen in Nürnberg gezeigt worden war, erhielt sie zwei Jahre später auf der Weltausstellung in Paris einen Grand Prix.
Die Bedingungen für die Entwicklung von Schienenfahrzeugen waren nach dem Ersten Weltkrieg in den einzelnen Ländern sehr unterschiedlich. Soweit elektrifizierte Streckennetze vorhanden waren, wie zum Beispiel in Schweden, hatten bestenfalls Triebwagen mit Dieselmotor eine Chance. Aber auch in den anderen Ländern kam die Entwicklung von Diesellokomotiven nur langsam voran. Hierzu führte Hanko im Vortrag[98)] des Wissenschaftlichen Vereins für Verkehrswesen am 2. August 1951 aus: »Während die elektrischen Vollbahnlokomotiven ... der zwanziger Jahre als vollwertige Eisenbahnfahrzeuge anzu-

sprechen sind, haben die Diesellokomotiven diesen Stand erst im Laufe der dreißiger Jahre erreicht und während des Zweiten Weltkriegs, vornehmlich in den USA zu einer gewissen Vollkommenheit gebracht ....«

Die Entwicklung der Diesellokomotiven in den USA ist dort ganz zweifellos vom Kraftstoffpreis begünstigt gewesen, während in den meisten europäischen Ländern genau das Gegenteil der Fall war. Betrachtet man die Statistik für Lokomotiven in den USA bis 1948, so ist auffallend, daß es nur wenige Jahre mit nennenswerten Anteilen für elektrische Lokomotiven gab, jedoch zwei herausragende Jahre, nämlich 1931 und 1934, in denen 52,3 % bzw. 41,1 % der angeschafften Loks elektrischen Antrieb hatten. Die Substitution der Dampflokomotive war in den USA 1948 fast vollständig erreicht. Von insgesamt 2717 Einheiten waren dort nur noch 54 Lokomotiven dampfbetrieben und zwei elektrisch.

Beachtenswert ist hierzu eine hausinterne Beurteilung der »Aussichten der Diesellokomotiven« bei Krupp vom August 1926, als Grundlage für den Abschluß eines Liefervertrages mit der Boston and Maine Railroad Co. über 20 Lokomotiven.[99] Darin heißt es: »Die Dampflokomotive in ihrer bisherigen Form ist eine derart unwirtschaftliche Maschine, daß eine wesentliche Verbesserung ihres Wirkungsgrades ein dringendes Bedürfnis geworden ist. Ein in dieser Hinsicht gangbarer Weg ist die Einführung der Kondensationslokomotive, der Hochdruckauspufflokomotive und schließlich der Hochdrucklokomotive mit Kondensation ....

Eine andere Möglichkeit der Verbesserung des Lokomotivwirkungsgrades besteht in der Einführung der Diesellokomotive. An sich ist in der Ausnutzung des Brennstoffes die Dieselmaschine jeder anderen Kraftmaschine überlegen, aber dieser Vorteil wird zum Teil wieder durch die höheren Preise der flüssigen Brennstoffe eingebüßt. Außerdem sind die Anschaffungskosten der Diesellokomotiven höher als die der Dampflokomotiven. Sie betragen je nach Stückzahl für Lokomotiven größerer Leistung etwa 330 000 bis 400 000 M. Dieser hohe Anschaffungspreis kann jedoch überall da in Kauf genommen werden, wo billige Dieselöle zur Verfügung stehen. In Deutschland könnte wohl die Diesellokomotive mit Ausnahme von Fällen mit Spitzenleistungen nur wettbewerbsfähig sein, wenn der Oelpreis auf etwa die Hälfte herabgesetzt würde ....

Ferner kommt die Diesellokomotive für den Vorortverkehr in Betracht, wo der Betrieb kohlenbeheizter Lokomotiven wegen der Rauchentwicklung nicht erwünscht ist und außerdem ein sehr starker Betrieb sich auf wenige Stunden des Tages zusammendrängt, während der eine große Zahl Dampflokomotiven in Betrieb genommen werden muß. Die Diesellokomotive hat bei einem solchen Betrieb den Vorteil, daß sie rasch in Betrieb gesetzt werden kann und nicht wie bei der Dampflokomotive eine längere Anheizzeit mit im Verhältnis zur Betriebszeit großer Kohlenmenge erfordert. Sie ist für Spitzenleistungen sehr geeignet und kann in solchen Fällen durchaus mit der elektrischen Lokomotive in Wettbewerb treten, wobei sie den weiteren Vorteil hat, den Verkehr von zentralen Kraftstationen unabhängig zu machen. Die Hauptfrage, die erst durch längere Betriebszeit geklärt werden kann, ist jedoch, ob diese Vorteile der Diesellokomotive die Nachteile der größeren Kosten für die Instandhaltung aufwiegen.«

Auch die Entwicklung der Dieseltriebwagen schritt nicht wesentlich schneller voran. Die zwanziger Jahre verliefen überwiegend mit Einzelaufträgen. Erst Anfang der dreißiger Jahre kam es zu umfangreicheren Aufträgen. Eine besondere Rolle spielen in diesem Zusammenhang die Motorenentwicklungen bei Maybach.

In Amerika waren die Dieselmotoren auf der Schiene ab 1925 zunächst nur in Rangierlokomotiven zu finden. Die Gründe hierfür sind verstreut in der amerikanischen Literatur zu finden. Sie entsprechen inhaltlich dem zitierten internen Krupp-Papier »Aussichten der Diesellokomotiven«. Für Streckenlokomotiven waren die spezifischen Werte der Dieselmotoren noch nicht ausreichend. Ein Leistungsgewicht von 70 kg/PS ergab eine viel zu schwere Lokomotive. Bei 10 kg/PS wurden die Motoren interessant für den Antrieb. Schließlich mußten durchschnittlich 1000 Meilen pro Tag bei einer Durchschnittsgeschwindigkeit von 65 Meilen pro Stunde geschafft werden. Dabei spielte das Eigengewicht und der zu transportierende Kraftstoff eine nicht geringe Rolle. Letztlich lag die große Attraktivität für die amerikanischen Bahngesellschaften in der hohen Genauigkeit, mit der Fahrpläne einge-

In die beiden Triebköpfe der TEE-Züge, von der Deutschen Bundesbahn ab 1957 in Dienst gestellt, kam jeweils ein 1100-PS-Dieselmotor. Lieferanten waren Daimler-Benz, MAN und Maybach. Ihre Motoren mußten gegeneinander austauschbar sein.

An die Erfolge des Maybach-Motorenbaus bei der Motorisierung von Schienenfahrzeugen konnten die Nachfolgegesellschaften Maybach-Mercedes-Benz Motorenbau (MMB) und MTU Friedrichshafen unmittelbar anknüpfen. Hier der Einbau eines MMB-Motors in eine Diesellok vom Typ V218.

halten werden konnten, ohne übermäßig hohe Geschwindigkeiten fahren zu müssen. Die Aufenthalte für Wassser- und Kraftstoffübernahme waren wesentlich kürzer als bei Dampflokomotiven; die Kosten für Kraft- und Schmierstoffe sowie Wartung von Diesellokomotiven kleinerer Züge lagen bei nur rund einem Sechstel vergleichbarer Dampflokomotiven. Selbst für größere Einheiten erreichten sie nur etwa die Hälfte derjenigen von Dampflokomotiven.

Die Diesellokomotiven zeigten Ende der dreißiger Jahre in den USA eine Verfügbarkeit von 95 % gegenüber etwa 70 % aller anderen Lokomotiven, und hinsichtlich Pünktlichkeit waren sie mit 96 % allen anderen weit überlegen.[100)] Diesel-Rangierlokomotiven waren rund um die Uhr im Einsatz. Die Übernahme von Wasser und Kraftstoff war nur alle vier Tage nötig. Von den 45 000 Lokomotiven, die sich 1938 in den USA im Einsatz befanden, waren ein Fünftel Rangierlokomotiven, ein weiteres Fünftel Personenzuglokomotiven und drei Fünftel Güterzuglokomotiven. Die ersten Diesellokomotiven für Personenzüge wurden 1934 eingeführt, die für Güterzüge erst 1941.

Am 26. Mai 1934, dem Eröffnungstag zum zweiten Jahr der Weltausstellung in Chikago, erfolgte die erste Rekordfahrt eines Zuges mit Diesellokomotive von Denver nach Chikago, einer Strecke von 1015 Meilen. Mit durchschnittlich 77,6 Meilen pro Stunde wurde die bis dahin längste Nonstop-Fahrt in der Eisenbahngeschichte zurückgelegt, mit pünktlichem Eintreffen, obwohl die Fahrt mit einer Stunde Verspätung in Denver begann.

Schnellaufende Motoren für Straßenfahrzeuge, Landwirtschaft und Bautechnik

Der jeweilige Innovationssprung, verbunden mit der Schaffung des schnellaufenden Motors, ist bei Otto- und Dieselmotor vergleichbar. Beim Ottomotor wurden Motorrad und Automobil erst möglich, mit dem Dieselmotor wurde für Straßenfahrzeuge sowie Land- und Bautechnik eine neue Phase eingeleitet. Weder Diesel noch Otto kann man einen Vorwurf machen, diese Entwicklung nicht verfolgt zu haben. Beide hatten in ihren Gedanken die Nutzung der Motoren im Straßenverkehr erwogen. Diesel ging darauf 1893 in seiner »Theorie und Konstruktion«[101)] ein: »Der Motor lässt sich fast ohne Aenderung an die bestehenden Pferdebahnwagen anbringen; ja auch an anderem Fuhrwerk ist er leicht anbringbar.« Bereits 1897 führte er einen Schriftwechsel mit Jakob Lohner & Cie. in Wien zur Nutzung des Dieselmotors in Straßenfahrzeugen. Bei Otto war es sogar der primäre Ansatz, dem er in seinem Patentgesuch vom 2. Januar 1861 Ausdruck gab: ». . . und kann daher die Maschine zur Fortbewegung von Gefährten auf Landstraßen leicht und nützlich verwendet, sowie auch der kleineren Industrie von erheblichen Nutzen werden.«[102)] Die Spekulationen in Veröffentlichungen über die Gründe der Trennung zwischen Otto und Langen einerseits und Daimler andererseits entbehren in dieser Hinsicht jeder Grundlage: Die Idee zum schnellaufenden Motor mag bei Daimler zwar schon vorhanden gewesen sein, als er 1882 Deutz verließ, preisgegeben hatte er sie zu diesem Zeitpunkt noch nicht.

Bei Diesel waren es die technischen Probleme des Motors selbst, die eine Weiterentwicklung zum Schnelläufer in den frühen Jahren seines Motors verhinderten. Erste Ansätze finden sich bereits 1897, und Anfang 1898 erschien in der Zeitschrift »Der Motorwagen«[103)] eine mutige Prognose über Eignung und Zukunft des Dieselmotors für Straßenfahrzeuge. Das entscheidende Problem war sein hohes Gewicht. Die schnellaufenden Ottomotoren wogen mit 10 bis 15 kg/PS nur rund ein Zwanzigstel der verfügbaren Dieselmotoren. Trotzdem kam der nicht genannte Verfasser zu der These: ». . . es ist aber keinerlei Grund vorhanden, daß sich nicht alsbald das erwünschte Ziel mit dem Dieselmotor wird erreichen lassen.«

Wie Schnauffer berichtete,[104)] hatte Klose bereits 1896 der Maschinenbau-Aktien-Gesellschaft

Nürnberg vorgeschlagen, »... mit ihm gemeinsam den Bau von ›automobilen Personenwagen‹ aufzunehmen.« Ein entsprechender Vertrag war am 25. September 1896 geschlossen worden. Der Vorschlag Kloses wurde zunächst mit einem Ottomotor verfolgt. Als man 1897 die Lizenz auf den Dieselmotor genommen hatte, wurde versucht, »so schnell wie möglich einen Fahrzeug-Dieselmotor zu entwickeln«.

Der Euphorie des Jahres 1897 entsprechend, beschloß man nicht nur einen »Kutschenmotor« zu entwickeln, sondern gleich noch einen Eisenbahnmotor und einen Lokomotivmotor. Der Eisenbahnmotor sollte eine Leistung von 25 PS erhalten, der Lokomotivmotor 500 PS und der Kutschenmotor 5 bis 6 PS. Als Drehzahl waren 500/min beziehungsweise für letzteren sogar 800/min vorgesehen, allerdings bei deutlich geringerem Hub. Die größte Kolbengeschwindigkeit hätte sich, gemäß den vorgegebenen Abmessungen, beim Lokomotivmotor ergeben. Im Vergleich dazu lag der zu dieser Zeit in Augsburg vorhandene Versuchsmotor bei etwa zwei Dritteln der geplanten Kolbengeschwindigkeit für den Kutschenmotor und bei weniger als einem Drittel des Lokmotors.

Zunächst widmete man sich in Nürnberg dem Kutschenmotor. Rudolf Diesel erhielt Zeichnungen und Berechnungen, da er in diese Entwicklung eingebunden werden sollte. Der Motor war nach mehreren Entwürfen, die teilweise nicht Diesels Vorstellungen entsprachen, Ende 1898 fertig. Mit dem Zusammenschluß zwischen der Maschinenbau-Aktien-Gesellschaft Nürnberg und der Maschinenfabrik Augsburg AG ergaben sich jedoch andere Prioritäten; der Leiter dieses Projekts schied aus, und seinem Nachfolger gelang es nicht, die mit dem ersten schnellaufenden Dieselmotor verbundenen Probleme zu lösen. Schnauffer führt hierzu aus, daß unter den gegebenen Umständen natürlich auch die Motoren für Eisenbahn und Lokomotive nicht weiter verfolgt werden konnten. Erst 1904 und 1907 entstanden im Nürnberger Werk der MAN wieder schnellaufende Versuchsmotoren, die aber nicht zur Betriebsreife gebracht werden konnten. Erst der kompressorlose Dieselmotor brachte die Voraussetzungen für einen entwicklungsfähigen, schnellaufenden Motor.

Eugen Diesel schrieb im Hinblick auf die Gedanken seines Vaters zum schnellaufenden Motor:[105) »Schon etwa seit 1904 dachte er an die Fortentwicklung des Dieselmotors für Automobile, an Diesellokomotiven und an die Schaffung eines Kleindieselmotors. Man hatte inzwischen die Drehzahl der Motoren zu erhöhen vermocht und sehr viel Erfahrungen gewonnen, welche ihm die baldige Lösung der Probleme, die er sich gestellt hatte, als möglich oder wahrscheinlich erscheinen ließ.«

Erst nach Ablauf seiner Patente 1907/08 konnte Diesel wieder unabhängig an der Entwicklung seines Motors arbeiten und sich dabei unter anderem dem Fahrzeugmotor widmen. Mit Safir in Zürich stellte er einen Ottomotor von Saurer auf das Dieselverfahren um, der jedoch als Fahrzeugmotor noch nicht brauchbar war.

Zu den Konsequenzen, die mit der Gründung der Allgemeinen Gesellschaft für Dieselmotoren AG von 1898 für Rudolf Diesel verbunden waren, gehörte jedoch die Verpflichtung, alle danach bei ihm entstehenden Rechte an Erfindungen im Zusammenhang mit dem Dieselmotor dieser Gesellschaft zur kostenlosen Nutzung zu überlassen. Hinsichtlich der Entwicklung von schnellaufenden Motoren, die für die Verwendung in Fahrzeugen geeignet waren, mußte er folglich bis zum Ablauf seiner Patente warten. Danach arbeitete er

1908 mit Safir in Zürich zusammen. Safir hatte eine Lizenz auf Motoren und Fahrzeuge von Saurer genommen. So wurde unter Mitarbeit von Diesel ein Saurer-Ottomotor von 42 PS auf das Dieselverfahren umgebaut. Der mit Lufteinblasung arbeitende Vierzylindermotor sollte bei einer Drehzahl von 800/min eine Leistung von 30 PS bringen. Damit hätte ein Leistungsgewicht von beachtlichen 16 kg/PS erzielt werden können. Ein Einbau in ein Fahrzeug erfolgte nicht, da die Lufteinblasung bei den im Fahrzeugbetrieb stark wechselnden Drehzahlen nicht zu beherrschende Schwierigkeiten brachte. Immerhin war es ein wichtiger Schritt zum Fahrzeug-Dieselmotor.

Am 16. Oktober 1911 berichtete die Frankfurter Zeitung in ihrer Rubrik »Aus Technik und Industrie« über »Neue Verkehrsmittel«. Kernpunkt war ein neues »Verkehrsmittel, das der Mittelstufe des Verkehrs gerecht wird«. Von einem Straßenzug ist die Rede, der ein »Mittelding« aus Eisenbahn und »Straßenfuhrwerk« bilden soll: »Es wird von dem alten Straßenfuhrwerk die leichte Beweglichkeit haben müssen und von der Eisenbahn die Fähigkeit, größere Massen zu gleicher Zeit zu bewegen.« Der Antrieb sollte elektrisch erfolgen, aber nicht über die Bindung »an die wenig beliebte Oberleitung«. Da auch Batterien nicht in Frage kamen, sollten die Straßenzüge ihren Strom selbst erzeugen. »Dies geschieht in der Weise, daß auf der Lokomotive ein rasch laufender Automobilmotor angeordnet ist, der eine Dynamomaschine antreibt. Es dürfte in erster Linie an einen Benzin- oder Benzolmotor zu denken sein; nachdem es aber gelungen ist, raschlaufende (Automobil) Diesel-Motoren zu konstruieren, die mit den billigsten Rohölen zu betreiben sind, kommen auch diese in Frage.«

Zu diesem Zeitpunkt gab es an vielen Stellen Bemühungen, den kompressorlosen Dieselmotor zu schaffen, mit dem sich die Schnelläufigkeit ohne weitere Maßnahmen ergab. Automobilhersteller und Motorenbauer waren auf dem Weg zum Fahrzeug-Dieselmotor. Das belegen die Anfang der zwanziger Jahre ganz schnell aufeinander folgenden Vorstellungen von Motoren und Fahrzeugen, woraus sich ein Reigen von nur schwer abzugrenzenden Prioritäten ergab.

Interessant ist in diesem Zusammenhang ein Schriftsatz von Rudolphe L'Orange,[106] in dem er auf diese Schwierigkeiten der Technikhistoriker eingeht. Bevor er – aus seiner Sicht – »eine Rekonstruktion des Standes der Technik in den entscheidenden Jahren dieser Entwicklung« versucht, schrieb er: »Ähnlich wie häufig im Rahmen von Patent-Streitigkeiten es sich als ausserordentlich schwierig zeigt, sich zurückzuversetzen in den technischen Stand und den Stand der Erkenntnisse bevor z.B. eine bestimmte Erfindung veröffentlicht wurde, ist es für den Historiker der Technik, sich in diesen vorherigen Stand der Technik hineinzudenken, besonders wenn er nicht persönlich zu dem damaligen Zeitpunkt in dem in Frage kommenden Fachgebiet sich um Probleme bemühte.

Durch diese Schwierigkeit, ja fast Unmöglichkeit, sind die meisten der heutigen technisch-historischen Betrachtungen über die Entstehung des Fahrzeug-Dieselmotors beeinflußt.«

Für die Eckwerte eines Fahrzeug-Dieselmotors nennt er ein Hubvolumen von einem bis zwei Litern pro Zylinder, das auch heute noch eine gängige Größe ist, und eine Drehzahl von mehr als 1000 Umdrehungen pro Minute. Dieser Wert liegt heute deutlich höher. Im dritten Punkt weist er auf das hin, was heute unter Elastizität eines Motors verstanden wird, nämlich einen breiten Drehzahlbereich, innerhalb dessen der Motor betrieben werden kann. Für den »Entwicklungsgang« einer Erfindung nennt er mehrere Stufen: Idee, praktische Ausführung, betriebsreife Konstruktion und »Anpassung an die eigentlichen Bedarfsfälle« und stellt fest: »Aus der Fülle der Patente und der Literatur, welche, besonders nach dem erfolgreichen Erscheinen des Fahrzeugdiesels in den Jahren 1925 bis 1930, sich mit diesen Fragen sehr eifrig befassten, geht hervor, dass die Anzahl der Patente, welche solche Lösungen versuchten, schon in den letzten Lebensjahren von Diesel . . . zahlreich war. Wenige davon wurden in Versuchsmustern realisiert und, soweit bekannt, erreichten nur zwei von diesen Mustern wirkliche Gangbarkeit.«

Die zwei Entwicklungen, denen Rudolphe L'Orange Brauchbarkeit bescheinigte, waren ein Motor der Gasmotoren-Fabrik Deutz, der in den Jahren 1907 und 1908 entstand, und der 1909 von Prosper L'Orange bei Benz gebaute Motor.

Beide Motoren liefen im Versuch mit einem spezifischen Kraftstoffverbrauch von 240 bzw. 245 g/PSh problemlos, beide wurden bis zum

Nachdem es Benz gelungen war, mit dem Vorkammerverfahren von L'Orange einen Fahrzeugmotor zu entwickeln, rüstete das Unternehmen ab 1923 damit zunächst Motorpflüge und Traktoren aus. Hier ein Motorpflug der Bauart Benz-Sendling.

Ende des Ersten Weltkriegs nicht weiter verfolgt. Den entscheidenden Schritt zum Fahrzeugmotor brachte 1919 das L'Orange-Patent DRP 391 142, mit dessen Anwendung die Motoren auch eine hinreichende Elastizität erhielten. Die erste Anwendung erfolgte 1921 bei Benz, nachdem man die stationären Motoren an die Bedingungen in einem Traktor angepaßt hatte. Rudolphe L'Orange gab sich hier sehr vorsichtig: »Dieselben Motoren ... wurden dann ... in einen Traktor eingebaut, welcher ab 1921 in schnell zunehmender Serie gebaut wurde und wohl das erste serienmäßige Diesel-Straßenfahrzeug darstellen dürfte.«

Unklar bleibt, was L'Orange in seinem Schriftsatz für ein Fahrzeug meint,[107)] denn 1922 erfolgte bei Benz & Cie. die Trennung des »stationären Motorenbaus« vom Fahrzeugbau. Die daraus entstandene Motoren-Werke Mannheim AG durfte vertragsgemäß nach den Patenten von Prosper L'Orange nur Motoren mit einem spezifischen Gewicht von mehr als 25 kg/PS bauen, während es Benz vorbehalten blieb, leichtere Motoren zu bauen. Benz rüstete mit solchen Motoren ab Sommer 1923 ausschließlich landwirtschaftliche Traktoren und Motorpflüge der Bauart Benz-Sendling in relativ großer Zahl aus. MWM baute das Motorpferd, eine Zugmaschine, die 1923 auf die Straße kam.[108)] Zweifellos war sie die erste Diesel-Zugmaschine. Dieser Anspruch in den Druckschriften des Unternehmens ist nie bestritten worden.

Die Zugmaschine entsprach dem Wirtschaftlichkeitsgedanken jener Zeit. Sie sollte gegenüber dem Lastwagen Vorteile bringen, weil sie jederzeit mit beliebigen Anhängern in Betrieb gehalten werden konnte, während der Lastwagen auf Entladung warten oder gar leer zurückfahren mußte. Geworben wurde für die Zugmaschine zum Beispiel mit folgenden Aussagen: »Das Motorpferd der MWM unterscheidet sich von den sonstigen Traktoren anderer Firmen dadurch, daß bei ihm zum erstenmal kompressorlose Rohöl-Dieselmotoren zum Antrieb verwendet wurden ...« und »... hat sich gezeigt, daß die Verbrennung bei den kompressorlosen Rohöl-Dieselmotoren der Bauart MWM eine vollkommene ist, so daß Rauch- und Rußentwicklung im Auspuff nicht in Erscheinung treten, der Motor sich also gerade für schweren Betrieb im Inneren von Städten eignet.« Selbstverständlich wurde auch auf den stationären Antrieb der Zugmaschine mit

Die Daimler-Motoren-Gesellschaft hielt vor dem Zusammenschluß mit Benz & Cie. 1926 noch an der Lufteinblasung beim Fahrzeug-Dieselmotor fest, während Benz auf der Basis des Vorkammerverfahrens von L'Orange bereits 1923 einen entwicklungsfähigen Fahrzeug-Dieselmotor erprobte. Nach der Fusion entstanden 1928 Nutzfahrzeuge mit Vorkammermotoren nach L'Orange wie hier der 5-t-Lkw vom Typ L5.

Hilfe der kuppelbaren Riemenscheibe hingewiesen, über die Generatoren oder Pumpen angetrieben werden konnten.

Während man bei der Daimler-Motoren-Gesellschaft vor dem Zusammenschluß mit Benz & Cie. noch am Lufteinblaseverfahren für den Fahrzeugmotor festhielt, führte Benz bereits 1923 mit 5-t-Lastwagen die ersten Versuchsfahrten mit Vorkammermotor nach L'Orange-Patent durch. Bei Verwendung von Braunkohlenteeröl rechnete man mit Kraftstoffkosten gegenüber dem Antrieb mit Ottomotor von nur einem Siebtel bis einem Sechstel. Aufgrund gewisser Mängel beim Starten des Motors und bei Bergfahrten unter Last betrachtete man den Dieselantrieb noch nicht als marktfähig.[109] Trotzdem ging Benz mit einem Lastwagen mit Dieselmotorantrieb auf die Automobilausstellung in Amsterdam im Februar 1924.

Der erste Benz-Diesel-Lastkraftwagen ist, wie aus einem Schreiben der Robert Bosch AG vom 1. Juni 1935 hervorgeht, am 24. September 1924 an Bosch verkauft worden, wo er noch bis Ende 1925 mit dem Vorkammermotor im Einsatz war, bevor dieser zu Versuchszwecken auf ein anderes Verbrennungsverfahren umgebaut wurde. Bosch gibt auch an, daß dieses Fahrzeug im Anlieferungszustand bereits ein Jahr im Einsatz war.

In der Zeit der Interessengemeinschaft zwischen Daimler und Benz kam es offensichtlich noch zu keiner Entscheidung, welchem Motor der Vorzug gegeben werden sollte. Rückblickend ist es nicht überraschend, daß der Motor von Benz sich durchsetzte.

Nach Versuchen an mehreren Motoren mit der hydraulischen Direkteinspritzung, die bis auf das Jahr 1919 zurückgehen, gelang MAN Mitte 1923 der Durchbruch mit einem kompressorlosen Fahrzeug-Dieselmotor. Im Dezember 1924 zeigte das Unternehmen auf der Automobilausstellung in Berlin ein damit ausgerüstetes Fahrzeug. Der Vierzylindermotor arbeitete mit direkter Einspritzung des Kraftstoffs in den Verbrennungsraum, hatte also im Gegensatz zum Benz-Motor keine Vorkammer. Er leistete 40 PS. Sein spezifischer Kraftstoffverbrauch lag bei nur 200 g/PSh, und das Einheitsgewicht betrug 11 kg/PS.

Auch wenn Rudolphe L'Orange diesen Motor hinsichtlich seiner Brauchbarkeit äußerst kritisch beurteilte, darf nicht übersehen werden, daß die MAN in den folgenden Jahren damit kleine Serien von 5-t-Lastwagen ausgerüstet hat und ihn später auch für Omnibusse einsetzte. Wie seinerzeit beim Safir/Saurer-Motor war auch hier die Basis ein serienmäßiger Ottomotor, mit allen daran hängenden Nachteilen, die besonders Kurbelwelle, Pleuel und Lager betrafen.

Hinsichtlich der Priorität für das erste mit Dieselmotor ausgerüstete Straßenfahrzeug kann festgestellt werden, daß eine ähnliche Situation wie beim Personenwagen vorliegt: Benz und Daimler kamen beide, wenn auch aus unterschiedlichen Motiven, im selben Jahr – 1886 – mit dem Automobil zum Ziel. Entwicklungsfähige Straßenfahrzeuge mit Dieselmotoren brachten gleichzeitig – 1923 – Benz & Cie. und MWM heraus, die MAN im Frühjahr 1924 den Lastwagen mit Direkteinspritzmotor. Alle sonstigen Fahrzeuge kommen nicht in Betracht, da sie noch Motoren hatten, die aufgrund der Lufteinblasung des Kraftstoffs nicht entwicklungsfähig waren, folglich nicht in Serie gingen.

Völlig korrekt ist die in einigen Veröffentlichungen zu findende, gelegentlich jedoch bezweifelte Feststellung, daß MAN mit der Präsentation ihres Lastwagens auf der Automobilausstellung von 1924 den ersten serienmäßig hergestellten Fahrzeug-Dieselmotor mit direkter Einspritzung gezeigt habe. Der für jene Zeit hohe Wirkungsgrad dieses Motors von 31,2 % wies den Weg für die weitere Entwicklung schnellaufender Fahrzeugmotoren, denn die Kammermotoren, ganz gleich in welcher der in der zweiten Hälfte der zwanziger Jahre folgenden Varianten, hatten einen höheren spezifischen Kraftstoffverbrauch.

Erster Fahrzeug-Dieselmotor der MAN mit direkter Kraftstoffeinspritzung von 1923.

Erster MAN-Lastkraftwagen mit Dieselmotor, vorgestellt 1924 auf der Automobilausstellung in Berlin.

Die Motorenfabrik Deutz stellte ihre Fahrzeugmotoren erst 1928 auf der Automobilausstellung in Berlin vor. Basis war ein Ottomotor aus dem Programm der Motorenfabrik Oberursel AG, mit der seit 1921 eine Interessengemeinschaft bestand. Angeboten wurden ein Vierzylindermotor mit zunächst 40 PS und ein Sechszylindermotor mit 60 PS. Abnehmer waren zum Beispiel Büssing, Henschel und NAG. Lizenzen auf diese Motoren nahmen Alfa Romeo und Peugeot. Die Leistungen hob man schnell auf 45/55 PS bzw. 70/85 PS an, wobei der unteren Leistung eine Drehzahl von 1000/min und der oberen eine von 1250/min zugeordnet war. Der spezifische Kraftstoffverbrauch wurde mit 190 g/PSh bei Gasölbetrieb angegeben.[110])

In den dreißiger Jahren ging die Entwicklung der Fahrzeug-Dieselmotoren zügig weiter. Aber das Stichwort »Drall«, im Zusammenhang mit der Aufbereitung des Gemisches von verdichteter Luft und Kraftstoff, fiel relativ spät, obwohl alle Maßnahmen dahin zielten, den Drall zu verbessern, um Luft und eingespritzten Kraftstoff optimal zu vermischen. Eine unvollständige Verbrennung führte immer zu Rauch und Geruch. Saurer in Arbon gelang es zum Beispiel 1934 mit seinem Doppelwirbelungsverfahren, die Verbrennung des Dieselmotors erheblich zu verbessern. Mit Direkteinspritzung und Vierventiltechnik wurde ein Kraftstoffverbrauch zwischen 175 und 185 g/PSh erzielt.

Wenige Jahre später war Saurer 1938 das erste Unternehmen, das schnellaufende Nutzfahrzeugmotoren mit Abgasturboaufladung lieferte. Nach eigenen Angaben hielt sich die damit erzielte zusätzliche Leistungsausbeute in mäßigen Grenzen und erreichte 1951 gerade 20 %. So ging man 1952 zur Aufladung mit einem selbst entwickelten Schraubenradgebläse über. Obwohl die Gebläseleistung 10 % der Motorleistung betrug, stieg der Vollastverbrauch der Motoren nur um 2 % an.

Die Nutzung des Dieselmotors für den Antrieb von Personenwagen stellte nochmals hohe Anforderungen an die Konstrukteure, um den Motor noch »schneller« zu machen, als er aufgrund der Anforderungen für das Nutzfahrzeug schon geworden war. Die ersten Schritte, um zu einem Diesel-Personenwagen zu kommen, dürfte schon vor 1922 Peugeot gemacht haben. In einem Pkw vom Typ 156 wurde ein Zweitaktmotor eingebaut, der eine Leistung von 15 PS hatte. Damit schickte man 1922 ein rund 2,5 t schweres Fahrzeug, besetzt mit fünf Personen und beladen mit diversen Ersatzteilen, Ersatzreifen und einer Kraftstoffreserve von 200 l auf eine Versuchsfahrt von Paris nach Bordeaux und zurück. Die rund 1100 km lange Strecke wurde in zwei Tagen mit einer Durchschnittsgeschwindigkeit von 48 km/h zurückgelegt. Maximal konnte dieser Wagen 70 km/h erreichen. Der Durchschnittsverbrauch erreichte 16 l Gasöl für 100 km und der Schmierölverbrauch exakt 10 l für die gesamte Strecke. Bei einem Kraftstoffpreis von Fr. 0,34 pro Liter ergaben sich Kraftstoffkosten von Fr. 5,44 pro 100 km.

Zum serienmäßigen Personenwagen mit Dieselmotor kam Peugeot mit einem Wirbelkammer-Motor nach den Patenten von Oberhänsli: 1936 entstand ein Vierzylindermotor mit 2,3 l Hubraum, der bei einer Drehzahl von beachtlichen 3250/min eine Leistung von 55 PS abgeben konnte. Dieser Motor wurde 1936 zunächst in leichten Nutzfahrzeugen verschiedener Modelle eingesetzt. Das erste Personenfahrzeug vom Typ 402 wurde 1937 mit diesem Motor ausgerüstet, das serienmäßig einen Ottomotor mit einer Leistung von 63 PS hatte. Vorserienfahrzeuge gingen an kritische Kunden und wurden im normalen Einsatz erprobt. Die eigentliche Serienproduktion begann 1938.

Die ersten Schritte zur Anwendung eines Dieselmotors im Personenwagen hat vermutlich Peugeot gemacht. Der mit einem Dieselmotor von 15 PS Leistung ausgerüstete 2,5 t schwere Wagen vom Typ 156 ging 1922 auf eine Probefahrt von Paris nach Bordeaux und zurück.

Die ersten serienmäßigen Diesel-Personenwagen brachte die Daimler-Benz AG 1936 heraus. Der Typ 206D – hier als Cabriolet – erreichte als Limousine mit 45 PS Motorleistung eine maximale Geschwindigkeit von 97 km/h und verbrauchte durchschnittlich 9,5 l Kraftstoff auf 100 km.

Die Daimler-Benz AG präsentierte ihren ersten Personenwagen mit Dieselmotor auf der Automobil-Ausstellung im Februar 1936 in Berlin. Mit einem Landaulet-Aufbau war ein 260D zu sehen. Wie bei Peugeot ging man auch bei Daimler-Benz davon aus, daß ein mit Dieselmotor ausgerüsteter Pkw demselben Wagentyp mit Ottomotor weitgehend entsprechen sollte.

Der erste Pkw-Dieselmotor lief im September 1933 in Untertürkheim auf dem Prüfstand. Noch im März 1933 hatte man gehofft, Mitte des Jahres »eine billige sechssitzige Droschke mit Diesel-Motor« entwickelt zu haben und Anweisungen an die Konstrukteure gegeben, »dass man mit besonderer Sorgfalt darauf achte, alle Personenwagen jetzt schon so anzulegen, dass die Benzin-Vergaser-Motoren gegebenenfalls leicht gegen Diesel-Motoren ausgewechselt werden können«.[111] Obwohl sich ein Pkw mit Dieselmotor 1933 noch nicht realisieren ließ, beschloß der Vorstand der Gesellschaft in seiner Sitzung vom 3. Januar 1934, »den Diesel-Motor für Personenwagen auf der diesjährigen Berliner Ausstellung . . . zu zeigen«.

Der Versuchsmotor von 1933 hatte ein Hubvolumen von 3,8 l und leistete 82 PS bei einer Drehzahl von 2800/min. Eingebaut in einem Fahrgestell zeigten sich jedoch Schwingungsprobleme. Motor und Fahrwerk ließen sich offenbar nicht aufeinander abstimmen. Die Serienherstellung dieses Motors mußte ebenso aufgegeben werden wie die Absicht, damit auf die Automobilausstellung zu gehen.

Im nächsten Schritt entstand 1934 statt des Sechszylindermotors ein Vierzylindermotor mit 2,6 l Hubraum, bei unveränderten Zylinderabmessungen und einer Leistung von 45 PS bei 3000/min. Damit konnte serienmäßig der Diesel-Personenwagen vom Typ 260D gebaut werden.

Die sechs- bis siebensitzige Limousine erreichte eine maximale Geschwindigkeit von 97 km/h und verbrauchte durchschnittlich 9,5 l Dieselkraftstoff pro 100 km.
In das Produktionsprogramm wurde der Wagen 1936 eingeführt. Hinsichtlich der Akzeptanz – auch unter Berücksichtigung des Mehrpreises von 1000,– bis 1500,– RM gegenüber einem Wagen mit Ottomotor – machte man sich keine Sorgen, ging jedoch von einer langsamen Markteinführung aus. Der Mehrpreis sollte aufgrund des geringen Kraftstoffverbrauchs und des niedrigen Preises des Dieselöls bereits nach 50000 km kompensiert sein. Insgesamt entstanden von 1936 bis 1940 rund 2000 Diesel-Personenwagen bei der Daimler-Benz AG.
Auch wenn hier nur die Bemühungen von Daimler-Benz und Peugeot um den schnellaufenden Dieselmotor geschildert werden und an anderer Stelle auf die Arbeiten von Cummins eingegangen wird, darf nicht übersehen werden, daß es vielfältige Versuche gab, sich der Lösung dieser Aufgabe zu nähern. Einen beachtenswerten wirtschaftlichen Erfolg hat jedoch vor dem Zweiten Weltkrieg keiner der Ansätze mehr erreicht. Die weitere Verbreitung des Dieselmotors über den Personenwagen war zwar auf den Weg gebracht, entwickelte sich aber erst richtig nach Ende der kriegsbedingten Unterbrechung. Vorreiter blieb bis heute unverändert Europa. Auch wenn die Zahl der in Japan produzierten Diesel-Pkw bis Mitte der achtziger Jahre stetig stieg, erreichte Japan 1984 mit knapp 250000 Fahrzeugen nur einen Bruchteil der europäischen Produktion, die über 1,5 Millionen Einheiten lag. In Westdeutschland lag die Produktion von Diesel-Pkw 1984 bei knapp 620000 Wagen und in den USA bei rund 100000 Wagen. Trotz dieser großen Zahlen ist eine Substitution des Ottomotors, auch auf lange Sicht, nicht zu erwarten, zumal der Diesel-Personenwagen überwiegend im unteren Leistungsbereich seine Erfolge aufzuweisen hat. Die Vorteile des Ottomotors für den Pkw-Antrieb im oberen Leistungsbereich sind kaum zu kompensieren, zumal sein Wirkungsgrad in den letzten Jahren erheblich verbessert und der Kraftstoffverbrauch daher entsprechend gesenkt werden konnte. Auf absehbare Zeit wird der Personenwagenantrieb in der weltweiten Perspektive eines der wenigen Felder bleiben, wo der Dieselmotor zwar einen Achtungserfolg erzielte, sich aber nicht voll durchsetzen konnte.

Dieselmotoren in der Luftfahrt

Luftfahrtantriebe mit Dieselmotoren sind nur eine Episode gewesen. Zu schnell waren die im besseren Wirkungsgrad liegenden Vorteile des Dieselmotors überholt. Zweifellos hätte die Anwendung des Motors in der Luftfahrt länger dauern können, aber die Entwicklung während des Zweiten Weltkrieges brachte den Ottomotoren solche Fortschritte, daß die Dieselmotoren trotz aller Erfolge nicht mithalten konnten. So sind nur wenige Entwicklungen bis zur Serienreife gediehen, und nur ein Motor ist serienmäßig gebaut worden. Nach dem Zweiten Weltkrieg waren dann auch die Ottomotoren bald überholt, Propellerturbinen und Strahltriebwerke nahmen ihren Platz ein. Ottomotoren blieben kleinen Privatflugzeugen vorbehalten, aber auf diesem Markt hat sich in den letzten Jahrzehnten nichts bewegt. Selbst vielversprechende Ansätze wie der von Porsche aus den achtziger Jahren blieben letztlich ohne Erfolg. Für den Dieselmotor war in der Fliegerei nach 1945 erst recht kein Platz mehr.
Das Interesse am Dieselmotor betraf auch bei der Luftfahrt den niedrigen Kraftstoffverbrauch, an den man größere Reichweiten knüpfte. Hinzu kam allerdings, daß man sich vom »Selbstzünder« Vorteile hinsichtlich des Höhenverhaltens erhoffte. Die Ottomotoren zeigten in großen Höhen Zündaussetzer. So lag es nahe, vom Dieselmotor einen einwandfreien Betrieb in der Höhe zu erwarten.
Begonnen hatte es Ende der zwanziger Jahre in den USA, England und Deutschland. In Frankreich war 1934 ein Preis in Höhe von 10 Millionen Franc für die Entwicklung eines Diesel-Flugmotors ausgesetzt worden, mit dem ein Flugzeug,

ohne nachzutanken nach 6600 nm und einer Mindestgeschwindigkeit von 207 km/h an den Ausgangspunkt zurückkehren sollte. Weitere Bedingung war, daß der Flug spätestens bis zum 31. Dezember 1938 erfolgt sein mußte. Diese Ausschreibung wurde zurückgezogen, da niemand erfolgreich ein Fluggerät konstruierte, das diese Bedingungen erfüllte.
In den USA entwickelte Packard Car Company 1928/29 einen luftgekühlten Diesel-Sternmotor mit neun Zylindern, der eine Leistung von 225 PS bei einem Gewicht von 230 kg brachte. Er erhielt nicht nur eine Musterzulassung, mit ihm wurde auch ein Langstreckenweltrekord erzielt. Zum serienmäßigen Bau des Motors kam es nicht. Packard gab die Entwicklung nach dem Tod des verantwortlichen Ingenieurs in einer wirtschaftlich depressiven Phase auf.
Die Guiberson Diesel Engine Company in Dallas entwickelte einen ähnlichen Diesel-Flugmotor wie Packard, der 1941 die Serienreife erreichte, aber nicht als Flugmotor, sondern modifiziert als Panzerantrieb Verwendung fand.
In England baute Beardmore 1930 für das englische Luftschiff R101 einen Diesel-Flugmotor, für den unterschiedliche Leistungen genannt werden. Die Werte reichen von 650 bis 900 PS bei einem Gewicht von 1600 kg. Die Entwicklung wurde aufgegeben, nachdem R101 bereits nach der ersten Etappe einer Weltreise in Frankreich bei einem Unfall zerstört wurde.
Auch Rolls Royce beteiligte sich an der Diesel-Flugmotorenentwicklung, und zwar mit einem wassergekühlten 12-Zylinder-Motor im Leistungsbereich von 500 PS. Bristol Aeroplan & Motors Co. entwickelte einen Neunzylinder-Sternmotor, mit dem im März 1934 ein Höhenrekord (8367 m) aufgestellt werden konnte. Von den englischen Motorenherstellern wäre noch D. Napier & Sons zu nennen, der eine Junkers-Lizenz nahm.
In Deutschland waren es BMW, Daimler-Benz, Junkers, KHD, MAN und Siemens, die sich mit der Entwicklung von Diesel-Flugmotoren unterschiedlicher Konstruktion befaßten. Auch hier erreichten nur wenige Motoren die Serienreife. Am erfolgreichsten war Junkers.
Die MAN hatte bereits im Ersten Weltkrieg Flugmotoren hergestellt, allerdings nach dem Ottoverfahren. Die Entwicklung von Diesel-Flugmotoren begann 1927 mit einem 500-PS-Motor, der

Bei Klöckner-Humboldt-Deutz entstand in der zweiten Hälfte der dreißiger Jahre ein Achtzylinder-Diesel-Flugmotor, der als Zweitakter mit der Umkehrspülung von Schnürle arbeitete. Dieser Diesel-Sternmotor leistete bei 4 l Hubraum 105 PS.

als doppeltwirkender Zweitakter arbeitete. Mit 1,6 kg/PS erreichte MAN sowohl ein gutes Leistungsgewicht, als auch mit 200 g/PSh einen guten spezifischen Verbrauch. Zu einer Serie kam es mit diesem Motor nicht. Die Entwicklung wurde 1934 aufgrund der Erfolge der entsprechenden Junkersmotoren eingestellt.
Auch das Interesse des Luftschiffbau Zeppelins (LZ) an Motoren derselben Bauart, mit Leistungen zwischen 1000 und 1200 PS, die MAN für Schnellboote entwickelt hatte, brachte keinen Erfolg in diesem Marktsegment. Gefordert war ein Leistungsgewicht von 2 bis 3 kg/PS. Dem Motor fehlte zum Zeitpunkt der Entscheidung die Serienreife. So entschied sich der LZ für Daimler-Benz-Motoren. Die Entwicklung von Diesel-Flugmotoren ging in Augsburg weiter, ohne daß man bis zum Kriegsende 1945 einen serienreifen Motor realisieren konnte.
Siemens arbeitete wohl nur ganz kurze Zeit an der Entwicklung von Diesel-Flugmotoren. Zwischen 1929 und 1932 entstanden zwei Versuchsmotoren, die im Zweitaktverfahren arbeiteten.

Auch bei BMW dauerte diese Phase nicht viel länger. Nachdem das Zündsystem der Ottomotoren in großen Höhen einwandfrei funktionierte und der Verbrauch aufgrund verschiedener Maßnahmen deutlich sank, gab BMW die Entwicklung der Diesel-Flugmotoren 1937 auf.
Die Klöckner-Humboldt-Deutz AG arbeitete in ihrem Oberurseler Werk ähnlich wie die MAN bis Kriegsende an verschiedenen Diesel-Flugmotoren-Projekten, die nicht zur Serienfertigung führten. Zunächst entstanden 1935 bis 1937 ein Achtzylinder- und anschließend ein Sechszylinder-Sternmotor, die beide nach dem Umkehrspülverfahren von Schnürle arbeiteten. Obwohl die Erprobung erfolgreich verlief, mußte die Entwicklung 1940 auf Wunsch des Reichsluftfahrtministeriums zu Gunsten größerer Motoren aufgegeben werden. Von den folgenden Projekten, einem 16-Zylinder-Boxermotor und einem daraus abgeleiteten 32-Zylinder-H-Motor, wurde nur der Boxermotor bis Kriegsende fertig. Als er 1945 an die USA abgeliefert wurde, hatte er 150 Laufstunden hinter sich. Sein spezifischer Kraftstoffverbrauch betrug 150 bis 155 g/PSh.
Bei Daimler-Benz (DB) hat das Vorkammerverfahren von L'Orange starken Einfluß auf die Diesel-Flugmotorenentwicklung gehabt. Alle Diesel-Flugmotoren sind damit konstruiert worden. Zunächst entstand 1929 ein »Studienobjekt«, der Motor OF2, mit 12 Zylindern in 60°-V-Anordnung. Seine Höchstleistung betrug 800 PS, sein Gewicht mit Getriebe 1600 kg.

Einen Diesel-Flugmotor mit 16 Zylindern, in der Ausführung als Boxermotor, hatte Klöckner-Humboldt-Deutz 1944 auf dem Prüfstand. Der Motor mit einem Hubraum von 52 l erreichte eine Spitzenleistung von 2360 PS bei einem spezifischen Kraftstoffverbrauch von 150 bis 155 g/PSh.

Bemerkenswert ist das in dieser Zeit beim Luftschiffbau und bei der Marine gleichermaßen vorhandene Interesse an leichten Hochleistungsdieselmotoren. Die Arbeiten bei KHD und bei MAN waren in ähnlicher Weise von den Wünschen der Marine beeinflußt, obwohl Flugmotoren entwikkelt wurden.
Ende 1932 begannen bei DB die Planungen für einen Luftschiffmotor mit 1000 PS Leistung. Er sollte das Luftschiff LZ 129 antreiben. Die Dauerleistung wurde auf 900 PS und die Höchstleistung auf 1200 PS festgelegt, der Kraftstoffverbrauch durfte 180 g/PSh nicht überschreiten und das Leistungsgewicht sollte unter 2 kg/PS liegen. Der erste Vollmotor lief 1934. Die Ablieferung von vier Motoren erfolgte im Herbst 1935. Nach Probefahrten im März 1936 fand im April die erste fahrplanmäßige Reise von Friedrichshafen nach Rio de Janeiro statt. Das LZ 129 unternahm acht Süd- und elf Nordamerikareisen, wobei die letzte bekanntlich am 6. Mai 1937 in Lakehurst tragisch endete.
Dem LZ 129 folgte nur noch das LZ 130 »Graf Zeppelin«, ebenfalls mit Diesel-Flugmotoren von DB ausgerüstet, das jedoch nur knapp ein Jahr im Einsatz für das Reichsluftfahrtministerium war.
Mit Ausrichtung auf den Langstreckeneinsatz, bei dem man den Verbrauchsvorteil des Dieselmotors zu nutzen hoffte, entwickelte Daimler-Benz den Viertakt-Dieselmotor DB 607 mit einer Leistung von 1750 PS, der einen spezifischen Verbrauch von 180 g/PSh und ein außerordentlich niedriges Leistungsgewicht von 0,49 kg/PS erreichte. Es blieb bei Versuchsmotoren, die zwischen 1939 und 1941 entstanden.
Hugo Junkers begann 1922 mit den Vorarbeiten für einen Diesel-Flugmotor. Der erste Vollmotor entstand 1926 – ein Fünfzylinder-Gegenkolbenmotor mit Zweitaktverfahren und einer Leistung von 825 PS – der 1928 auf der Internationalen Luftfahrtausstellung in Berlin gezeigt wurde. Der nächste Schritt brachte den Jumo 4, der schon im Februar 1929 in einem einmotorigen Flugzeug in die Flugerprobung kam. In der ersten Musterprüfung von 1929 brachte er eine Leistung von 520 PS, 1931 in der zweiten 720 PS. Damit war sein Potential noch nicht erschöpft: In Versuchsläufen ließ sich die Leistung bis auf 1000 PS steigern.
Die Weiterentwicklung, der Jumo 204, wurde in das größte von Junkers gebaute Verkehrsflugzeug vom Typ G38 eingebaut. Diese viermotorige Maschine, von der nur zwei Muster gebaut wurden, hatte einen Teil der Passagierkabine in der Tragfläche, mit Fenstern in der Flügelnase. Eine Maschine diente überwiegend Studienzwecken, stand vorübergehend auch bei der Lufthansa im Liniendienst. Die zweite war von 1932 bis 1943 auf verschiedenen Linien für die Lufthansa im Einsatz.
Über die Anwendung in Deutschland hinaus lieferte Junkers den Jumo 204 nach England, Japan und Rußland. Nach Frankreich wurde eine Lizenz vergeben.
Der zweite Diesel-Flugmotor von Junkers, der eine wesentlich größere Bedeutung erreichen sollte, war der Jumo 205. Bei gleicher Bauart wie der 204, aber kleinerem Hubvolumen, leistete er zunächst 550 PS. Die Musterzulassung erfolgte 1933 mit 600 PS, die anschließende Flugerprobung führte die Lufthansa durch. Sein Leistungsgewicht betrug rund 1 kg/PS.
Einige Jumo 205 wurden noch in die berühmte Junkers Ju 52 eingebaut, ab Herbst 1934 folgte die Ju 86 mit diesen Motoren. Außer den eigenen Flugzeugmustern erhielten auch die Flugboote von Dornier, Do 18 (zwei Motoren) und Do 26 (vier Motoren), den Jumo 205. Mit dem Wasserflugzeug Ha 139 von Blohm & Voss, ausgerüstet mit vier Jumo 205, leitete die Lufthansa einen regelmäßigen Dienst zwischen Europa und Nordamerika ein. Ein Dornier-Flugboot vom Typ Do 18 erzielte 1938 zwischen England und Brasilien über 8392 km in rund 43 Stunden einen Langstreckenweltrekord für Wasserflugzeuge mit Jumo-Motoren vom Typ 205.
Wie stark das Interesse der Lufthansa an Diesel-Flugmotoren war, zeigt die Zahl von 21 Flugzeugen mit diesen Motoren, die 1937 bei ihr im Einsatz waren. Die Motoren hatten im Reiseflug einen spezifischen Kraftstoffverbrauch von 160

Herausragende Bedeutung unter den Diesel-Flugmotoren hat der von Junkers entwickelte Jumo 205 erreicht. Er ist, von seiner Weiterentwicklung zum Jumo 207 abgesehen, der einzige serienmäßig gebaute Diesel-Flugmotor.

bis 170 g/PSh und lagen auf den Rekordflügen sogar nur bei 155 g/PSh.
Bislang ist der Jumo 205 der einzige serienmäßig hergestellte Diesel-Flugmotor der Welt – sieht man von der Weiterentwicklung zum Jumo 207 ab – und wird es wohl auch bleiben. Er war äußerst betriebssicher, wie viele Transatlantikflüge unter Beweis gestellt haben.
Die weiteren von Junkers entwickelten Diesel-Flugmotoren haben während des Zweiten Weltkrieges nur noch begrenzte Bedeutung im militärischen Bereich erreicht, so zum Beispiel der Jumo 207, im Höhenaufklärer Junkers Ju 86, der nach und nach bis zu 15 000 m erreichte. Der größte noch realisierte Junkers-Diesel-Flugmotor sollte der Jumo 223 werden, immer noch in der Bauart eines Gegenkolben-Zweitakters, mit 24 Zylindern und vier Kurbelwellen, der sogenannte Viereckmotor. Auf dem Prüfstand erreichte der erste Versuchsmotor 1940 eine Leistung von 2500 PS. Der Jumo 224 dagegen gelangte nur noch als Idee auf das Papier. Nach Kriegsende griff Napier in England die Ideen von Junkers auf und baute einen 18-Zylinder-Motor in Form eines Dreiecks, der in Schnellbooten und Lokomotiven eingesetzt wurde.
Das Motiv für die Verwendung des Dieselmotors in der Luftfahrt war klar und für jeden Techniker schnell nachzuvollziehen. Wenn die kostspieligen Entwicklungen nicht von Erfolg gekrönt wurden, so lag es nicht daran, daß man in einer unerkannten Sackgasse endete. Die Ursache für das Ende der meisten Entwicklungen in Deutschland ist in anderen Prioritäten während des Zweiten Weltkrieges zu sehen. Die danach einsetzende technische Überholung war eine Zwangsläufigkeit des Spezialfalles »Luftfahrt«. Noch Ende der dreißiger Jahre vertrat man in Luftfahrtkreisen die Auffassung, der aufgrund seiner höheren Verbrennungsdrücke (im Vergleich zum Ottomotor) schwerere Dieselmotor, kann das daraus resultierende Mehrgewicht leicht auf Langstreckenflügen, zum Beispiel auf den Transatlantikrouten, kompensieren. Von der Deutschen Lufthansa stammt hierzu eine einfache Vergleichsrechnung für das Wasserflugzeug Ha 139 von Blohm & Voss, das auf Transatlantikflügen eingesetzt wurde: Die ursprünglich verwendeten Ottomotoren hatten ein Gesamtgewicht von 2075 kg, und der Kraftstoffvorrat betrug maximal 6000 kg. Wollte man Dieselmotoren verwenden, so mußte dafür mit einem Mehrgewicht von rund 20 % gerechnet werden, was dann – gleiche Zuladung vorausgesetzt – eine Verminderung des Treibstoffvorrates um 7 % bedingte. Der Minderverbrauch des Dieselmotors in der Größenordnung von 15 bis 20 % glich dann den Gewichtsanteil nicht nur aus, sondern Reichweite oder Zuladung konnten sogar noch vergrößert werden. Der Jumo 205 hat es bewiesen.

Entwicklung und Produktion von Dieselmotoren in den USA bis 1948

Die Amerikaner bezeichnen Adolphus Busch als den Vater der Dieselmotorenindustrie in Amerika. Seiner Begeisterung ist es zu verdanken, daß der Dieselmotor sehr früh nach Amerika kam. Allerdings hatte diese offensichtlich auch ihre Grenzen, denn Busch selbst nahm nie den Dieselmotorenbau auf, das überließ er anderen. Lyle Cummins geht in einer Veröffentlichung von 1985 sogar so weit, daß er feststellt: »Busch did not want to become an engine builder, but only offer sublicenses to those who did.«[112)] Ohne auf die Probleme der Anfänge in den USA einzugehen, folgert er, daß Busch, weil er kein Motorenbauer war, seine Chance verpaßte.

Aufgrund der mit Rudolf Diesel geschlossenen Verträge hielt Busch allein alle Rechte an den amerikanischen und kanadischen Patenten bis zu deren Auslaufen 1912. Niemand konnte in Nordamerika seinerzeit Dieselmotoren ohne seine Zustimmung bauen. Entsprechend gering war der Anstieg der Dieselmotorenproduktion bis zu diesem Zeitpunkt. Eine deutliche Zunahme der Produktion ist aber auch danach in den USA nicht feststellbar. Ein erster steiler Anstieg läßt sich von 1914 auf 1915 verzeichnen, mit leichtem Rückgang 1916. Bis 1925 nahm die Produktion dann stark zu, um 1926 zum zweiten Mal deutlich zurückzufallen. Die niedrigste Produktion ist danach 1932 zu verzeichnen, wobei der Abschwung bereits 1928 einsetzte. Sie ging fast bis auf den Wert von 1921 – rund 130 000 PS – zurück.

Die folgenden fünf Jahre brachten einen steilen Anstieg der Dieselmotorenproduktion in Amerika, mit einer durchschnittlichen Zunahme von rund 400 000 PS pro Jahr. Ende 1937 war eine Produktion von über zwei Millionen PS in den USA zu registrieren. Das folgende Jahr brachte den dritten großen Rückgang auf 1,5 Millionen PS. In den nächsten Jahren stieg die Dieselmotorenproduktion bis zum Kriegsbeginn auf rund drei Millionen PS. Während der Kriegsjahre erreicht sie eine Größenordnung, die weit über alle Vorstellungen hinausging. So wurden 1944 in den Vereinigten Staaten Dieselmotoren mit einer Leistung von zusammen rund 36 Millionen PS hergestellt. Hierbei muß berücksichtigt werden, daß es sich dabei keineswegs um hochwertige Produkte handelte, die dem damaligen Stand der Technik entsprachen. Eine lange Lebensdauer war nicht gefordert, in manchen Fällen waren wenige Minuten ausreichend. Folglich ist dieser Ausstoß an Motoren völlig anders zu bewerten als die Produktion in Friedenszeiten. Armee und Marine der USA nahmen während der Kriegszeit und danach bis 1948 insgesamt Motoren mit 35 Millionen PS ab.[113)]

Die Anwendungen hatten vor dem Krieg alle Bereiche erfaßt, wenn auch mit unterschiedlicher Intensität. Als man im Mai 1938 in den amerikanischen Fachmedien der vierzig Jahre seit der Einführung des Dieselmotors auf dem Kontinent gedachte, wurde die Dieselmotorentechnik im Vergleich zum Urmotor von 1897 gesehen wie ein kultivierter Mensch jener Zeit im Vergleich mit einem prähistorischen Menschenaffen.[114)]

Die Dieselmotorenstatistik begann in den USA 1903 mit einer Veröffentlichung der American Diesel Engine Company,[115)] in der 27 erfolgreich arbeitende Dieselmotoren mit zusammen 1605 PS genannt wurden. Gleichzeitig waren Mitte 1903 in den Werkstätten des Unternehmens 66 Motoren im Bau, die zusammen 8200 PS bringen sollten.

Den größten Einfluß auf die Dieselmotorenproduktion in Amerika hatte die Verdieselung des Schienenverkehrs. Ingersoll-Rand begann 1925 mit dem Bau von Dieselmotoren für Rangierlokomotiven. Die ersten amerikanischen Loks für Personenzüge kamen 1934 auf den Markt, Dieselloks für Güterzüge erst 1941. Wenige Jahre später – 1946 – betrafen 94 % aller Lokomotivaufträge des Landes Diesellokomotiven. Als Vorzüge wurden genannt »smooth, clean, dependable, in-time transportation«.[116)]

Ein verstärkter Trend für die Produktion von Dieselmotoren läßt sich im Zusammenhang mit Lokomotiven ab Mitte der dreißiger Jahre feststellen. Ende der vierziger Jahre hatten mehr als die Hälfte aller im Einsatz befindlichen Rangierlokomotiven in den USA Dieselmotoren als Antrieb. Die Zahl der Güterzuglokomotiven stieg – auch unter dem Einfluß der Kriegsereignisse – von weniger als 100 im Jahr 1941 auf rund 2000 sechs Jahre später. Bei den Personenzuglokomotiven war der Anstieg nicht so stark. Von rund 100 Loks 1939 nahm der Bestand bis 1947 auf über 1000 zu.

In den Bereichen Land- und Bautechnik setzte die Nutzung des Dieselmotors Mitte der dreißiger Jahre ein, ganz offensichtlich aufgrund der nun verfügbaren schnellaufenden Einbaumotoren. Ihre Vorzüge gegenüber dem Ottomotor wurden gerade hier sofort erkannt und genutzt. Wesentlichen Anteil hatten daran die Kettenfahrzeuge. Obwohl von Dieselmotoren angetriebene Traktoren in einer Statistik für die Jahre von 1920 bis 1936 nur an dritter Stelle hinter stationären Anlagen und Schiffen lagen, hatten sie hinsichtlich der Jahresproduktion beide Bereiche schon weit hinter sich gelassen. Ihr Anteil stammte überwiegend aus den Jahresproduktionen von 1935 und 1936 mit rund 450 000 und 850 000 PS. In nur zwei Jahren hatten sie ein Drittel der in stationären Anlagen von 1920 bis 1936 insgesamt installierten Leistung erreicht. Im folgenden Jahr ging rund die Hälfte aller »produzierten« PS in Kettenfahrzeuge für Land- und Bauwirtschaft.

Wenn auch mit großem jährlichen Zuwachs, so doch weit hinter den Möglichkeiten zurückbleibend, entwickelte sich der Dieselmotorenmarkt bei Nutzfahrzeugen und Bussen. Sah man im fünfzigsten Jahr des Dieselmotorenbaus 1947 in Amerika ein Potential in der Größenordnung von 1,5 Millionen Nutzfahrzeugen und Bussen, so waren in diesem Jahr nur wenig mehr als 11 000 Einheiten in den USA in den Einsatz gekommen.[117)]

Das Wachstum war jedoch geringer als erwartet, denn 1984 wurden in den USA und Kanada noch nicht einmal 500 000 Nutzfahrzeuge mit Dieselmotoren als Antrieb produziert, während es in Europa rund 700 000 und in Japan knapp eine Million waren. Auch die Produktion von Baumaschinen und Personenwagen mit Dieselmotoren hing stark hinter jener Europas und Japans zurück.

Zwangsläufig waren auch in Amerika stationäre Anlagen die ersten Anwendungen der Dieselmotoren. Welcher Bedarf in diesem Bereich vorhanden war, läßt sich aus folgenden Zahlen ablesen: 1898 betrug der Strombedarf etwa ein Viertel PS pro Kopf der Bevölkerung, er stieg bis 1936 auf 9 PS pro Kopf und erreichte 1947 einen Wert von 18 PS pro Kopf. Hierbei ist zu berücksichtigen, daß in den Vereinigten Staaten 1900 etwa 76 Millionen Menschen lebten und 1947 rund 145 Millionen. Der Energiebedarf hatte sich folglich in fünfzig Jahren fast um Faktor 140 vergrößert. Auch wenn dieser Bedarf nicht der Markt für Dieselaggregate war, so stieg ihre Bedeutung doch parallel dazu. Dieselaggregate waren sowohl in den Kraftstationen der Versorgungsunternehmen als Spitzenlastaggregate gefragt als auch in breitem Maße für die private Stromversorgung. Dominanz hatten bei allen stationären Anwendungen langsamlaufende Motoren.

Im maritimen Bereich hatte sich der Dieselmotor bei kleinen Einheiten, wie zum Beispiel Arbeitsbooten, Schleppern, Fähren und Fischereifahrzeugen nach dem Zweiten Weltkrieg fast vollständig durchgesetzt. Bei größeren Schiffen galt dies nicht in gleichem Maße. Viele Jahre lief die Entwicklung sehr langsam. In einem Beitrag zur Zukunft des Dieselmotors umschrieb die amerikanische Fachzeitschrift »Diesel Power and Diesel Transportation« dieses Mißverhältnis in ihrer Mai-Ausgabe von 1947 wie folgt: »Für den Antrieb großer Schiffe haben [bislang] alle möglichen Gesichtspunkte eine Rolle gespielt, *nur nicht* die Vorzüge des [Diesel-] Antriebs selbst. Sicher wird niemand leugnen, daß, wenn die Zeit kommt, der Erfindergeist der Yankees, ihr Scharfsinn und ihr wirtschaftliches Denken sich durchsetzen werden.« Im März 1948 ist in derselben Zeitschrift vom »enttäuschenden Mangel an Aktivitäten im Bereich großer Handelsschiffe« zu lesen.

Analysiert man die amerikanische Dieselmotorenproduktion für den Zeitpunkt vierzig Jahre nach der Markteinführung des Motors, so dominierten Motoren mit kleiner Leistung. Von den 1936 verkauften 22000 Dieselmotoren aus US-amerikanischer Produktion hatten fast 19000 eine Leistung unterhalb 100 PS. Zwischen 100 und 200 PS lagen lediglich noch 2650 Motoren. Über 1000 PS konnten nur 69 Motoren abgesetzt werden. Wenn auch die Zahl der insgesamt verkauften Motoren 1937 auf rund 25000 Einheiten stieg, so ist außer einem deutlichen Anstieg im Bereich von 100 bis 200 PS auf rund 3800 Motoren keine grundsätzliche Veränderung der Tendenz zu erkennen. Die großen Motoren über 1000 PS sind zahlenmäßig sogar noch auf 39 Einheiten zurückgegangen.

Die bei der American Diesel Engine Company nach 1902 entwickelten Dieselmotoren waren bis 1912 offenbar die einzigen in den USA gebauten Motoren. Hinsichtlich ihrer Abmessungen und Leistungen gehen die deutschen und amerikanischen Quellen auseinander. Übereinstimmend wird der größte Motor mit 225 PS angegeben. Eine der größten Anlagen jener Zeit entstand in Florida, wo jeweils zwei 225-PS-Motoren über einen zwischen ihnen angeordneten Generator gekoppelt wurden. Insgesamt waren 32 Motoren in 16 Einheiten mit jeweils 450 PS installiert.

Hergestellt wurden die Motoren in Providence bei der American and British Manufacturing Co. von Joseph H. Hoadley. Als hier die Kapazität nicht mehr ausreichte, beauftragte man zusätzlich die Power and Mining Machinery Co. in Cudahy mit der Motorenherstellung, die aufgrund einer Ottomotoren-Lizenz von Crossley Brothers in England bereits Erfahrung im Motorenbau hatte.

Obwohl die größten Schwierigkeiten überwunden und die Motoren sich gut verkaufen ließen, war der erzielbare Nutzen Busch offenbar zu gering und die Perspektive unzureichend. Er mußte für die Herstellung der Motoren bei der American and British Manufacturing Co. $ 50,– pro PS zahlen und konnte sie nur zu $ 60,– pro PS verkaufen. Hinzu kam, daß die Patente in USA und Kanada ausliefen und damit Wettbewerb im Land aufkam. Darüber hinaus war die Entwicklung in Europa wesentlich weiter fortgeschritten als in den Staaten.

Busch gründete vermutlich Ende 1911 mit Gebrüder Sulzer ein neues Unternehmen, die Busch-Sulzer Bros.-Diesel Engine Co., die später von Nordberg übernommen wurde. Die Zusammenarbeit mit Sulzer in Winterthur lief 1926 aus.[118)]

Betrachtet man die »Pioniere« des amerikanischen Dieselmotorenbaus, so fällt es schwer, eine Auswahl zu treffen, zumal sie in vielen Fällen ihre Motoren nicht selbst herstellten, sondern bei Unternehmen fertigen ließen, die damit ein »Know-how« erhielten, das sie dann für eine eigene Dieselmotorenentwicklung nutzten.

Zu nennen sind die Cleveland Diesel Engine Division von General Motors, Fairbanks-Morse, Worthington (übernahm 1907 die Power and Mining Co.), die Otto Engine Works (1923 übernommen von der Superior Gas Engine Co.), Nordberg, De La Vergne und natürlich Cummins.

In der ersten Hälfte der dreißiger Jahre machte Clessie L. Cummins die für sein Unternehmen wichtigsten Versuche. Bereits 1929 hatte er versuchsweise einen Vierzylinder-Dieselmotor in einen Packard-Personenwagen eingebaut, den er im Januar 1930 auf der SAE-Tagung in Detroit vorstellte. Damit waren für Cummins die Weichen gestellt. Seine Aufmerksamkeit galt künftig besonders dem Fahrzeugmotor. Der Motor wurde in einen Rennwagen eingebaut und auf den Rennstrecken von Daytona Beach und Indianapolis zu Rekorden geführt. Die 500 Meilen von Indianapolis konnten mit einer Durchschnittsgeschwindigkeit von 86,17 Meilen pro Stunde gefahren werden, ohne nachzutanken.

Um auch die Standfestigkeit des Motors nachzuweisen, erfolgte der Einbau in einen 2,5-t-Lastkraftwagen, mit dem im Juli 1931 die Strecke New York – Los Angeles in 97,5 Stunden zurückgelegt wurde, bei Kraftstoffkosten von insgesamt nur $ 11,22. Zwischen dem 12. und 26. Dezember 1931 lief dann noch ein Langstreckenrekord auf der Rennstrecke von Indianapolis über 14600 Meilen, ohne den Motor abzustellen. Weitere Tests in einem Bus und einem Personenwagen folgten 1933 und 1935.

Aus amerikanischer Sicht, Ende der dreißiger Jahre, hatte der schnellaufende Einbau- oder Fahrzeugmotor die größte Bedeutung. Nutzfahrzeuge und Schienenfahrzeuge mit Dieselantrieb zogen das Interessse auf den Motor. In diesem Zusammenhang wird Clessie L. Cummins als der große Promoter des Dieselmotors in den Vereinigten Staaten gesehen, der nicht nur mit Versuchsfahrzeugen demonstrierte, welche Möglichkeiten im Dieselmotor stecken, sondern mit der Entwicklung des leichten, schnellaufenden Motors Maßstäbe für den Antrieb von Nutzfahrzeugen setzte. Obwohl Ende 1937 schon rund 3200 Nutzfahrzeuge in den USA mit Dieselantrieb im Einsatz waren, blieb deren Absatz immer noch stark behindert. Die Nutzfahrzeughersteller zögerten, ihre Neufahrzeuge mit Dieselmotoren anzubieten. So blieb interessierten Motorenherstellern nur das Feld der Nach- bzw. Umrüstung. Heldt sieht das Jahr 1938 als Jahr der Wende, hin zum Diesel-Nutzfahrzeug, weil vier große amerikanische Hersteller erstmals ankündigten, Modelle mit Dieselmotoren herauszubringen.[119)] Für 1940 nennt er 1600 und für 1941 rund 3000 Diesel-Lkw. Den wesentlichen Grund für die zögernde Einführung des Dieselmotors als Nutzfahrzeugantrieb sieht er in den vergleichsweise hohen Kosten des Motors und des Zubehörs, wie Starter und Batterie.

Die Verkaufsstatistiken zeigen, daß große Einheiten in den ersten fünfzig Jahren der Entwicklung und Produktion von Dieselmotoren in den USA nur eine begrenzte Chance hatten, obwohl es Anlagen bis zu 24000 PS im stationären Bereich gab. Diese Motoren waren, wie Franz Schultz von der Motorenfabrik Deutz 1923 in einem Reisebericht schilderte,[120)] »solide und hochwertig nach bewährten europäischen Lizenzen« von im Motorengeschäft etablierten Unternehmen gebaute Einheiten, die »vielleicht etwas sklavisch ihren Vorbildern folgen, da sie bei gelegentlichen Amerikanisierungsversuchen schwere Rückschläge erlebten«. Bei den kleinen Motoren hatten die Amerikaner nach Darstellung von Schultz überwiegend eigene Konstruktionen entwickelt. Dabei charakterisierte er die Konstruktionen der »neu in den Kreis tretenden Firmen« als nicht immer glücklich. Trotzdem ist seine Beurteilung der kleinen amerikanischen Dieselmotoren insgesamt positiv: »Diese Typen zeigen eine gute Anpassung an die Bedürfnisse der Kundschaft, indem der amerikanische Konstrukteur mit dem ihm eigenen Blick für das wirtschaftlich Wichtige zugunsten einfacher Bedienung, klaren Aufbaus und niedrigen Preises auf Rekordziffern im Brennstoffverbrauch und elegante, nur dem ›engineers extreme‹ entspringende Lösungen verzichtet.«

Wirkungsgrad und Kraftstoffverbrauch – ein Dauerbrenner

Zweifellos ist der Wirkungsgrad und damit der Kraftstoffverbrauch ein endloses Thema seit den Tagen Rudolf Diesels. Mit der Verbreitung des Dieselmotors wurde die Diskussion nicht einfacher, sondern aufgrund der verschiedenen Anwendungen wesentlich schwieriger. Die Kriterien sind nicht mehr so übersichtlich wie in der Frühzeit des Dieselmotors. Heute kommen völlig andere Gesichtspunkte zum Tragen. Die Wirtschaftlichkeit ist nicht mehr alleinbestimmend. Das gilt zum Beispiel für die Motorisierung des Personenkraftwagens. Unter wirtschaftlichen Aspekten ist dem Dieselmotor der Vorzug zu geben.

In einer Veröffentlichung von 1912 stellte Rudolf Diesel fest,[121] daß »... die thermische Ausnutzung in dieser Maschine bis zu rund 48 % und die effektive Ausnutzung in einzelnen Fällen bis zu rund 35 % [geht]«. Und folgert, »... ein weiterer Fortschritt scheint nur in einer anderen Art des Umwandlungsprozesses selbst möglich, also in einem prinzipiell neuen Verfahren, das wir uns heute aber noch nicht vorstellen können«. Auch gegen Ende des zwanzigsten Jahrhunderts hat noch niemand ein prinzipiell neues Verfahren gefunden. Wirkungsgrad und Kraftstoffverbrauch nähern sich einer horizontalen Asymptote.

Betrachtet man den Aufwand, mit dem auch nur ein halbes Prozent Wirkungsgradverbesserung erzielt wird, so ist der erste Eindruck ein klares Mißverhältnis von Kosten und Nutzen. Da jedoch mit steigendem Wirkungsgrad fallende Betriebskosten verbunden sind, kann sich der Aufwand lohnen. Zu berücksichtigen sind jedoch zusätzlich die steigenden Umweltschutzanforderungen, die den Fortschritt beim Kraftstoffverbrauch wieder aufheben können.

Diesel hatte mit seiner »Theorie« den Dampfmaschinen und den anderen Verbrennungsmotoren den Kampf angesagt. Auf vielen Feldern kann – hundert Jahre nach der Beurkundung seines ersten Patentes – festgestellt werden, daß ihm Siege gelangen. Systembedingt war in der Luftfahrt kein Erfolg zu erreichen. Bei den Schienenfahrzeugen war nur in den Ländern kein voller Erfolg zu erzielen, in denen man sich für eine Elektrifizierung des Schienennetzes entschloß. Beim Individualverkehr ist zumindest in Westeuropa ein Teilerfolg festzustellen, eine volle Substitution aus heutiger Sicht nicht wahrscheinlich. Bei stationären Anlagen ist die Substitution nicht erreicht. Obwohl der Gesamtwirkungsgrad guter Dampfturbinenanlagen zum Beispiel nur 40 % beträgt, werden weltweit noch 75 % der benötigten elektrischen Energie mit Dampfturbinen erzeugt. Bei Anlagen kleiner und mittlerer Leistung wird heute – besonders im Bereich der Kraft-Wärme-Kopplung – für die Stromerzeugung der Otto-Gasmotor bevorzugt. Anders sieht es bei Notstromanlagen aus.

Bei den ersten Bremsversuchen zur Feststellung von Leistung, Verbrauch und Wirkungsgrad, am 26. Juni 1895, wurden in Augsburg 382 g/PSh als spezifischer Kraftstoffverbrauch gemessen. Das entsprach einem enttäuschenden Gesamtwirkungsgrad von 16,6 %. Die Schröterschen Versuche von 1897 zeigten einen Wirkungsgrad von 26,2 %. Über 50 % Wirkungsgrad ließen sich erstmals 1982 von MAN B & W Diesel mit einem Zweitaktdieselmotor auf dem Prüfstand in Kopenhagen erzielen.[122]

MAN gab in einer Druckschrift von 1898[123] einen spezifischen Kraftstoffverbrauch zwischen 215 und 220 g/PSh an, was etwa 30 % Gesamtwirkungsgrad entspricht. In den nächsten 25 Jahren sollte sich dieser Verbrauch um rund 40 g/PSh verbessern, was den Wirkungsgrad auf 34 % brachte. Kruppsche Motoren verbrauchten 1925 zwischen 170 und 190 g/PSh Gasöl oder zwischen

195 und 220 g/PSh Steinkohlenteeröl, bei Heizwerten von 10 000 beziehungsweise 9000 Wärmeeinheiten. Ein guter Glühkopfmotor lag zu dieser Zeit bei 280 g/PSh, wenn er mit Gasöl betrieben wurde, während eine ölgefeuerte Dampfanlage immerhin 450 g/PSh verbrauchte, was weniger als dem halben Wirkungsgrad der Dieselmotoren entsprach. Otto-Gasmotoren hatten zur selben Zeit einen Wirkungsgrad von knapp über 20 %.[124)]
Versuche vom November 1901 bei MAN in Augsburg brachten für einen Motor mit 70 bis 90 PS bei Vollast einen Verbrauch von 188 g/PSh und bei halber Last von 213 g/PSh. Sulzer erreichte mit einem 5500-PS-Motor 1935 einen Verbrauch von nur 150 g/PSh.

In diesem Zusammenhang sind natürlich auch die Leistungsgewichte, also die Motorenmasse bezogen auf die Leistung, von Interesse. Regenbogen nannte 1912 für stationär eingesetzte langsamlaufende Dieselmotoren ein Leistungsgewicht zwischen 250 und 300 kg/PS, während er für »raschlaufende« Motoren zum Antrieb von Generatoren 120 bis 160 kg/PS angab. Schiffsmotoren sollten danach unter Einsatz hochfester Materialien sogar nur 30 bis 40 kg/PS auf die Waage bringen.[125)]

Mit einer Diplom-Arbeit, die 1989 am Institut für Kolbenmaschinen der Technischen Hochschule Hannover vorgelegt wurde,[126)] sind unter anderem die spezifischen Werte Leistungsgewicht und Brennstoffverbrauch sowie der thermische Wirkungsgrad[127)] der Dieselmotoren in ihrer Entwicklung über 50 Jahre untersucht worden. Basis dieser Untersuchung waren Veröffentlichungen, die im Zeitraum von 1939 bis 1989 in der Motortechnischen Zeitschrift erschienen sind.

Da der Gesamtwirkungsgrad sich vom thermischen Wirkungsgrad nur dadurch unterscheidet, daß die Einflüsse der Reibung im Motor und die Leistungsaufnahme der Hilfsaggregate berücksichtigt werden, die sich im mechanischen Wirkungsgrad niederschlagen, gibt auch der thermische Wirkungsgrad ein klares Bild über die Fortschritte bis in die heutige Zeit.

Im Sinne einer differenzierenden Betrachtungsweise werden in der Untersuchung getrennt Langsamläufer mit Drehzahlen unter 200/min, Mittelschnelläufer mit Drehzahlen zwischen 200 und 900/min sowie Schnelläufer mit Drehzahlen über 900/min behandelt.

Auffällig ist bei dieser Untersuchung, daß für den Ausgangspunkt 1939 fast keine Unterschiede zwischen den Motorarten hinsichtlich spezifischem Verbrauch und damit Wirkungsgrad festzustellen sind. Eine Ausprägung der Unterschiede über den Verbrauch erfolgt erst deutlich später, wobei anzumerken ist, daß auch für die sparsameren Langsamläufer markante Verbesserungen erst nach dem Zweiten Weltkrieg, und auch hier erst ab Mitte der siebziger Jahre, eintreten. Bis zu diesem Zeitpunkt ist nur eine graduelle Verbesserung von Verbrauch und Wirkungsgrad festzustellen. Danach gibt es einen steilen Anstieg für den Wirkungsgrad und entsprechenden Abfall beim Verbrauch. Ab Mitte der achtziger Jahre verlangsamt sich die Entwicklung ganz stark und zeigt wieder nur graduelle Verbesserungen.

Diese zehnjährige Phase hat ihren Grund in der Energiekrise von 1973. Vorher war der Wirkungsgrad nur um durchschnittlich 3 % in jeder Dekade verbessert worden, danach stieg er in zehn Jahren um fast 15 %. MAN B & W Diesel gab 1992 für langsamlaufende Zweitaktmotoren ohne Nutzturbine einen besten Kraftstoffverbrauch von 166 g/kWh an, bei 80 % Last. Der Vollastverbrauch liegt nur 2,7 g/kWh höher.[128)]

Die entscheidende Entwicklung des Leistungsgewichtes der Langsamläufer liegt wesentlich früher. Sie ist auf den Einfluß der Abgasturboaufladung bei den Zweitaktmotoren zurückzuführen, die Mitte der fünfziger Jahre verstärkt einsetzte. Auch hier ist ein Zeitraum von gut zehn Jahren festzustellen, in dem sich die Verbesserungen einstellten.

Bei den Mittelschnelläufern gibt es keine so eindeutig zu beschreibende Entwicklung beim Leistungsgewicht. Das liegt an der großen Bandbreite mit Faktor 4 zwischen dem besten und dem schlechtesten Wert. Über den Zeitraum von 50 Jahren gesehen läßt sich nur festhalten, daß der Wettbewerb offensichtlich zu gleichwertigen Konstruktionen und somit zu einer Verbesserung beim Leistungsgewicht geführt hat, denn die Bandbreite ist wesentlich geringer geworden. Die Bestwerte liegen heute zwischen 25 und 40 % der Werte von 1939.

Der spezifische Kraftstoffverbrauch und analog der Wirkungsgrad der Mittelschnelläufer haben sich bis Mitte der siebziger Jahre bei gleichbleibender Tendenz wenig verändert, in Summe um etwa 10 %. Die folgenden zehn Jahre brachten eine fast deckungsgleiche Entwicklung wie bei den Langsamläufern. Die besten Mittelschnelläufer von MAN B & W Diesel lagen 1991 bei einem Vollastverbrauch von 177 g/kWh, bzw. einem Bestwert von 174 g/kWh.

Die Entwicklung der Schnelläufer ist beim Leistungsgewicht ähnlich verlaufen wie bei den Mittelschnelläufern: von großer Bandbreite am Ende der dreißiger Jahre auf ein relativ schmales Band von 30 bis 40 % der Ausgangswerte Ende der achtziger Jahre.

Spezifischer Kraftstoffverbrauch und Wirkungsgrad haben sich bis heute mit unverändert gleichmäßiger Tendenz – ersterer fallend, der andere steigend – bei den Schnelläufern entwickelt, offensichtlich völlig abgekoppelt von den Einflüssen der Langsam- und Mittelschnelläufer. Dies ist möglicherweise auf die Priorität der Leistungsdichte bei den Schnelläufern zurückzuführen, die daher in der Energiekrise kein Entwicklungsschwerpunkt waren.

Während für 1989 in der Untersuchung noch Bestwerte von 200 g/kWh angegeben werden, sind 1992 bereits schnellaufende Dieselmotoren auf dem Markt, die deutlich darunter liegen. Mit 185 g/kWh und einem Gesamtwirkungsgrad von 42 bis 43 % werden zum Beispiel die Schnelläufer der Motoren-Werke Mannheim angeboten.

Maßgebende Einflüsse für die Entwicklung der Dieselmotoren in den letzten fünfzig Jahren sind in der »Wiederaufnahme von Entwicklung und Produktion nach dem Krieg unter Umsetzung der während der Kriegsjahre gewonnenen Erkenntnisse, [in der] Entwicklung bzw. Weiterentwicklung der Aufladung zu einer maßgebenden Komponente des Dieselmotors, [sowie in] gesteigerte[n] Anforderungen an Wirtschaftlichkeit und Schweröltauglichkeit seit der Energiekrise 1973« zu sehen.

Wenn die bedeutenden Fortschritte des Dieselmotorenbaus während des Zweiten Weltkrieges sich nicht in der Untersuchung zeigen, dann liegt dies vermutlich an der Geheimhaltung, die jede Veröffentlichung ausschloß. Die Jahre danach, besonders ab 1956, verzeichnen einen fast sprunghaften Anstieg der hier nicht behandelten spezifischen Werte und der Motorleistung.

Wenn heute Zweitaktgroßmotoren – das sind die Langsamläufer – einen besseren Gesamtwirkungsgrad als 50 % erreichen und die Viertaktgroßmotoren – die Mittelschnelläufer – bei 45 bis 50 % liegen, so sind weitere Fortschritte außerordentlich schwer zu erreichen. Kriterium der Wirkungsgradverbesserung ist der Zünddruck. Er müßte weiter erhöht werden, um Fortschritte zu erzielen. Die Grenzen dafür liegen im Material, in der Leistung von Einspritz- und Aufladesystemen sowie in der Kosten-Nutzen-Relation der Entwicklung.

Das führt zu der Aussage von Onno Syassen:[129] »Mehr technischer Aufwand – weniger Energieverbrauch«, die allerdings auch nur ein Potential kennzeichnet, keineswegs aber etwas über Wirtschaftlichkeit, Zuverlässigkeit und Lebensdauer aussagt. Seine weiteren Ausführungen beschäftigen sich dann auch konsequent mit den vernünftigen technischen Grenzen, die heute auch am Emissionsverhalten der Motoren gemessen werden müssen.

Syassen erwartet für Zwei- und Viertaktgroßmotoren noch eine Verbesserung auf einen Gesamtwirkungsgrad von etwa 56 %, was einem spezifischen Kraftstoffverbrauch von rund 150 g/kWh entspräche. Hierbei sind maßgebliche Verbesserungen an Turboladern bereits berücksichtigt.[130]

Die von ihm in diesem Zusammenhang angesprochene Nutzturbine ist nicht am innermotorischen Prozeß beteiligt, mit ihr kann die Ausnutzung der Primärenergie jedoch in der Größenordnung bis 5 % steigen.[131] Dieselmotor und Nutzturbine bilden mechanisch eine Einheit. Die zusätzliche Leistung der Turbine ist an der Kurbelwelle abnehmbar.

Aspekte der Dieselmotorenentwicklung nach dem Zweiten Weltkrieg

Zu Beginn der neunziger Jahre dieses Jahrhunderts, also knapp hundert Jahre nach der Verwirklichung des Dieselmotors, hat die Verdieselung – soll heißen die Substitution anderer Antriebsarten durch den Dieselmotor – ein beachtliches Ausmaß erreicht. Waren die ersten fünfzig Jahre des Dieselmotors die Jahre der Innovationen, mit denen ihm der Weg in alle Anwendungen hinein gebahnt werden konnte, so sind die weiteren fünfzig Jahre neben der Weiterentwicklung anfangs von einem gewaltigen Boom gekennzeichnet, der auf den Wiederaufbau nach dem Zweiten Weltkrieg in den fünfziger Jahren zurückzuführen ist. An diesen Wiederaufbau schloß sich nahtlos ein starkes Wachstum in allen Bereichen und in allen Regionen der Welt an, das unter anderem auf den Anstieg der Weltbevölkerung und die damit verbundene Nachfrage nach Nahrung, Gebäuden und Gütern aller Art zurückzuführen ist. Schließlich wurde auch überall wo Menschen leben elektrische Energie in großem Umfang benötigt. Darüber hinaus stieg überall der Wunsch nach Mobilität.

Der erste große Einbruch war in den siebziger Jahren zu verzeichnen. Die Preise für Erdöl erreichten in kürzester Zeit eine nie für möglich gehaltene Höhe, mit entsprechenden Auswirkungen auf fast alle Bereiche der industriellen Produktionen. Der zweite wirtschaftliche Rückgang begann rund zwanzig Jahre später. Das konjunkturelle Klima verschlechterte sich 1990 deutlich aufgrund der kriegerischen Auseinandersetzungen am Arabischen Golf. Die formelle Auflösung des Ostblocks (RGW) 1991 und der Zerfall der UdSSR in die nur noch lose miteinander verbundenen Teilrepubliken brachten einen zusätzlichen destabilisierenden Einfluß.

Vor diesem Hintergrund entwickelte sich die Dieselmotorenindustrie nach dem Zweiten Weltkrieg in dem Maße, wie man in den einzelnen Ländern wieder zur Friedensproduktion überging. Die Nachfrage wuchs ständig an. Wohn- und Industriegebäude mußten wieder aufgebaut werden, die Infrastruktur wurde den gestiegenen Anforderungen angepaßt. Mehr und größerer Wohnraum war gefragt, die landwirtschaftliche Produktion stieg im gleichen Maße. Die Maschinen für Bau- und Landwirtschaft wurden immer größer. Das bedeutete für die Hersteller von Einbaumotoren ein beachtliches Wachstum. Hinzu kam ein ständig wachsender Bedarf in den Bereichen Transport und Verkehr.

Europa und Nordamerika waren von dieser Entwicklung gleichermaßen betroffen, wobei sich in dieser Zeit in Amerika der verstärkte Übergang auf Dieselmotoren noch zusätzlich auswirkte. Aber auch in den Entwicklungsländern stieg der Bedarf ständig, wenngleich sich dort die wirtschaftliche und soziale Situation aufgrund der überproportionalen Zunahme der Bevölkerung ständig verschlechterte. Ausgenommen hiervon waren lediglich die Schwellenländer.

Die sogenannte Energiekrise der siebziger Jahre wirkte sich in bezug auf die Verbreitung des Dieselmotors nur in einem Anwendungsbereich stark aus: bei Personenwagen. Die Zahl der mit Dieselmotor angetriebenen Pkw stieg von 1972 bis 1986 auf rund das Zehnfache.

Dieser Erfolg der Diesel-Personenwagen ist ausschließlich auf das Käuferverhalten in Europa zurückzuführen, besonders in Deutschland, Frankreich und Italien, mit anderen technischen und politischen Rahmenbedingungen als in den USA. Zwischen den einzelnen Ländern ergaben sich Verschiebungen, die unter anderem auf die – zum Teil aus politischen Gründen – unterschiedlich starken Preisunterschiede für Otto- und Dieselkraftstoff zurückzuführen sind. Insgesamt haben

Die Motorenbaureihe 48/60 gehört bei MAN B & W Diesel zum oberen Leistungsbereich der Viertakt-Dieselmotoren. Der 18-Zylinder-Motor dieser Baureihe leistet maximal 17550 kW.

PAMA

Bearbeitung eines Zylinderkurbelgehäuses der Baureihe 48/60 aus dem Programm von MAN B & W Diesel.

Der größte 1992 im Programm von MAN B & W Diesel befindliche Zweitakt-Dieselmotor leistet 51 840 kW. Sein Hub beträgt 2300 mm, sein Kolben hat einen Durchmesser von 900 mm.

Die »Queen Elizabeth 2« erhielt 1987 die größte dieselelektrische Antriebsanlage der Welt – neun Viertaktdieselmotoren von MAN mit einer Gesamtleistung von 95 600 kW speisen die Bordanlagen des Schiffes und liefern die Leistung für den Hauptantrieb.

Diesel-Personenwagen mit 15 % in den letzten Jahren einen fast konstanten Marktanteil in Westeuropa erreicht.
In Japan hat sich das Interesse an Pkw mit Dieselmotoren in den letzten Jahren nicht mehr stark verändert. Die Zulassungszahlen liegen bei etwa einem Zehntel von Westeuropa. In den USA ist diese Kategorie Automobile zu einer vernachlässigbaren Größe geworden. Von 1982 bis 1987 gingen die Zulassungen auf ein Zehntel zurück und lagen damit bei einem Zehntel von Japan und weniger als einem Hundertstel von Westeuropa. Die Attraktivität der Diesel-Personenwagen war für die amerikanischen Verhältnisse bislang zu gering. Im Gegensatz zu Europa ist der Dieselkraftstoff zum Beispiel teurer als in Europa.
Auch der Markt für leichte Nutzfahrzeuge war von der Energiekrise stark betroffen. Mehr und mehr gingen die Hersteller dazu über, diese Fahrzeuge zumindest alternativ mit Dieselmotoren anzubieten. Nahm der Fahrzeugsektor 1972 insgesamt rund ein Drittel der weltweiten Dieselmotorenproduktion auf, so waren es 1986 fast 60 %. Der landwirtschaftliche Bereich war in dieser Zeit leicht und der industrielle sogar stark rückläufig. Die Abnahme von Einbaumotoren ging bei Baumaschinen und ähnlichem Gerät deutlich zurück.
In diesem Zusammenhang darf nicht außer acht gelassen werden, daß sich zum Beispiel beim

Schiffbau starke Verlagerungen nach Fernost ergaben, die bislang nur bedingt eine Konkurrenz für die traditionellen Schiffbauländer waren. Dazu gehört natürlich auch Japan. Der Dieselmotorenbau entwickelte sich in Japan erst nach dem Zweiten Weltkrieg, obwohl einige Hersteller eine wesentlich längere Tradition auf diesem Gebiet haben, und ist auch heute noch stark von Lizenznahmen geprägt. Der Großmotorenbau geht ausschließlich auf europäische Lizenzen zurück, während bei Mittelschnelläufern heute überwiegend Motoren eigener Entwicklungen produziert werden. Gegenwärtig gibt es in Japan rund 30 Dieselmotorenhersteller, von denen etwa ein Drittel Großmotoren und zwei Drittel Klein- und Mittelmotoren herstellen. Ihr Gesamtumsatz mit Dieselmotoren belief sich 1990 auf 3 Milliarden US-$, davon betrafen rund zwei Drittel Schiffsmotoren und Zubehör. Dahinter stehen fast 32000 Schiffsmotoren mit rund 6,6 Millionen kW, allerdings haben 26300 dieser Motoren nur eine Leistung unter 220 kW, und über 750 kW liegen gerade noch 1200 Motoren.

Mit der Verlagerung des Schiffbaus nach Fernost, wo in den siebziger Jahren die Supertanker entstanden, bekam auch der Großmotorenbau dort eine entsprechende Bedeutung. Das läßt sich mit wenigen Zahlen an einem Beispiel belegen: Mitsubishi Heavy Industries baut nach eigenen Angaben seit 1955 Zweitakt-Großmotoren (basie-

Einkranen eines MAN-Dieselmotors beim Umbau der »Queen Elizabeth 2« 1987 auf der Lloyd Werft in Bremerhaven.

Der äußerst kompakte, für Panzerantriebe konzipierte MTU-Motor MT 883 hat in der 12-Zylinder-Version eine maximale Leistung von 1650 kW.

rend auf einer MAN-Lizenz). Bis 1970 waren Motoren mit einer Leistung von insgesamt rund 1,8 Millionen kW gebaut worden, was durchschnittlich etwas mehr als 110 000 kW pro Jahr entsprach. Ab 1970 zeigt die Produktionsstatistik des Unternehmens einen fast geradlinigen Verlauf auf 11,4 Millionen kW, woraus sich durchschnittlich rund 570 000 kW pro Jahr ergeben.

Die Zusammenarbeit von Mitsubishi und MAN geht auf einen Lizenzvertrag mit Yokohama Dockyard von 1929 zurück. Mitsubishi übernahm dieses Unternehmen 1935. MAN erneuerte 1953 den Vertrag, der Mitsubishi auch eigene Entwicklungen und Lizenznahme von anderen Herstellern erlaubte. Etwa 1970 gab Mitsubishi den Bau von MAN-Zweitakt-Großmotoren auf, führte jedoch den Viertaktmotorenbau unter der MAN-Lizenz weiter. Hierzu erfolgte 1978 ein neuer Vertragsabschluß.

Ein weiterer bedeutender japanischer Lizenznehmer von MAN ist Kawasaki Heavy Industries. Auch hier wurde der seit 1911 bestehende Lizenzvertrag 1978 erweitert.

Welche Bedeutung der japanische Dieselmotorenbau nach 1970 erhielt, läßt sich daran erkennen, daß die Produktion innerhalb der folgenden zehn Jahre verdoppelt wurde, während sie in Europa um weniger als 50 % stieg. Selbst der Produktionsanstieg in den USA blieb mit nur 70 % deutlich dahinter zurück. Entscheidend für diese Entwicklung waren weniger die exportierten Einbau- oder Schiffsmotoren, sondern der Export von »Endprodukten«, die als Antrieb Dieselmotoren enthielten, die ausschließlich vom eigenen Markt bezogen oder aber selbst hergestellt wurden. In dieser Situation stehen die Märkte in Europa und in Nordamerika heute noch.

Ausgangs der achtziger Jahre ist der weltweite Dieselmotorenmarkt gekennzeichnet vom Einfluß Japans, von rückläufiger Beschaffung im In-

dustrie- und Agrarbereich sowie von Überkapazitäten der Nutzfahrzeughersteller.
Betrachtet man die Erdölreserven, so wagt man für die klassischen Verbrennungskraftmaschinen keine Prognose. Die 1990 bestätigten Weltreserven an Erdöl reichen bei unverändertem Verbrauch noch 43 Jahre. Hierbei sind allerdings die in Schiefern und Sanden enthaltenen Mengen nicht berücksichtigt. Andererseits ist mit weiteren Explorationen zu rechnen. Die nach den Energiekrisen wieder stark gefallenen Preise haben die Pläne aus den siebziger Jahren, in den folgenden Jahrzehnten stärker andere Energieträger einzusetzen, ad absurdum geführt. Erdöl ist unverändert – 1990 mit einem Anteil von 42 % – die wichtigste Energiequelle. Für Otto- und Dieselmotor gibt es beim Straßenverkehr heute noch keine wirtschaftlich vertretbare alternative Energiequelle. Elektroautos sind bestenfalls in Innenstädten einzusetzen. Betrachtet man jedoch die CO_2-Kette[132)] des Elektroautos, dann dürfte es eigentlich nicht gebaut werden.
Die Zunahme des Erdölverbrauchs seit den siebziger Jahren hat trotz der sparsamer gewordenen Kraftfahrzeuge ihre Ursache überwiegend im Straßenverkehr. Dabei stehen die Entwicklungsländer den Industrieländern nicht nach.
Neben Fragen des Verbrauchs sind Anfang der neunziger Jahre wieder verstärkt die mit dem »Verbrauchen« verbundenen Probleme des Umweltschutzes aktuell. Vor der ersten Energiekrise machte man weltweit mit hohem finanziellen Aufwand große Anstrengungen, um die Motoren »sauberer« zu bekommen. Danach galten die Bemühungen ein Jahrzehnt lang der Energieeinsparung, um erst dann wieder zu Fragen des Umwelt-

Endmontage von Motoren der MTU-Baureihe 595. Diese schnellaufenden Hochleistungsdieselmotoren arbeiten mit zweistufiger Aufladung. Als maximale Leistung stehen bei zeitlich eingeschränktem Betrieb 4320 kW zur Verfügung.

schutzes zurückzukehren. Der Dieselmotor hatte in der ersten Phase der Umweltschutzbestrebungen viele Vorteile gegenüber dem Ottomotor. Das galt allerdings nur so lange, wie ausschließlich die gasförmigen Emissionen verglichen wurden. Und dieser Ansatz galt auch wiederum nur so lange, wie das Kohlendioxid unberücksichtigt blieb. Der Dieselmotor profitierte lange von der Devise: Was man sieht und riecht, das ist nicht schädlich. Diese vordergründige Betrachtung ist heute verschwunden.
Mit der Betrachtung der bei der Verbrennung des Kraftstoffs im Dieselmotor freiwerdenden Partikel, zum Beispiel Ruß, traten die ersten Probleme auf. Seit einigen Jahren findet die CO_2-Emission wegen des Treibhauseffektes allgemein größere Beachtung. Der Dieselmotor hat hierbei einen Vorteil. Berücksichtigt man nur die benötigte Leistung, so muß der Ottomotor schlechter abschneiden als der Dieselmotor, denn der spezifische Kraftstoffverbrauch ist beim Dieselmotor deutlich geringer, folglich auch der Ausstoß von Kohlendioxid. Unter Berücksichtigung aller wichtigen Parameter, die das Verbrennungsverhalten eines Dieselmotors beeinflussen, hat eine neuere Untersuchung[133)] den Vorteil des Dieselmotors gegenüber dem Ottomotor mit mehr als 20 % hinsichtlich der CO_2-Emission festgestellt.
Für die weitere Zukunft wird in dieser Studie bei Otto- und Dieselmotoren – soweit es sich um Antriebe für Pkw handelt – noch ein etwa gleich großes Potential zur weiteren Verminderung des Kraftstoffverbrauchs in Höhe von 20 % gesehen. Mit einer entsprechenden Verringerung der CO_2-Emission ist zu rechnen.
Wie an anderer Stelle bereits dargestellt,[134)] sind derartige Wirkungsgradverbesserungen bei Mittel- und Großmotoren nicht mehr zu erwarten. Die bei ihnen angewandte Technik wird heute zunehmend auf die kleinen Motoren übertragen und macht diese wirtschaftlicher und umweltfreundlicher. Beispiele hierfür sind Vierventiltechnik, Direkteinspritzung und elektronische Steuerungen.
Die für stationäre Anlagen mit Dieselmotoren in Deutschland seit 1986 geltende TA-Luft legt weltweit die schärfsten Emissionsgrenzwerte fest. Erfaßt werden Stickstoffoxide, Kohlenmonoxid, unverbrannte Kohlenwasserstoffe und Partikel, man könnte auch sagen Staub. Für Dieselmotoren in Schienenfahrzeugen gelten in Deutschland Grenzwerte, die von den am Markt befindlichen Motoren problemlos eingehalten werden können. In den USA wird dieser Anwendungsbereich möglicherweise in der Zukunft wesentlich strengeren Grenzwerten unterworfen.
Während es neben der TA-Luft in Deutschland auch in einigen anderen Ländern Grenzen für die Schadstoffemission stationärer Anlagen gibt, blieb der maritime Bereich bislang außerhalb jeder Festlegung. Berücksichtigt man jedoch, wieviel Dieselmotoren beziehungsweise »kW« weltweit auf dem Wasser eingesetzt sind, so wird deutlich, um welche Emissionen es hierbei geht. Außer in Häfen, auf Flüssen und Kanälen kam das bislang kaum zum Bewußtsein. Inzwischen sind viele Motorenhersteller dazu übergegangen, auch in diesem Anwendungsbereich nicht nur den Kraftstoffverbrauch zu minimieren, sondern auch die Schadstoffemissionen in Grenzen zu halten. Was sich nicht vermeiden läßt, ist die Kohlendioxidemission. Aber die ist aufgrund der Spitzenwerte beim Wirkungsgrad in diesem Bereich immer schon so niedrig gewesen, wie es der jeweilige Stand der Technik erlaubte.
Für die Meinungsbildung in den einzelnen Ländern ist natürlich das Straßenfahrzeug das Objekt, dem die stärkste Aufmerksamkeit gilt. Personenwagen, Nutzfahrzeuge und Omnibusse berühren mit ihren Auswirkungen die meisten Menschen täglich. Hier hat die Gesetzgebung auch zuerst eingesetzt. Für die Europäische Gemeinschaft gibt es inzwischen einheitliche Festlegungen. Seit Mitte 1992 sind die sogenannten EURO-1-Grenzwerte für die Zulassung neuer Motoren in Kraft. Sie haben die bisher geltende EG-Richtlinie abgelöst. Die Grenzwerte für Kohlenmonoxid, Kohlenwasserstoffe und Stickstoffoxide liegen jetzt zwischen rund 45 und 60 % niedriger. Darüber hinaus ist erstmals in der EG ein Grenzwert für die Partikelemission festgelegt worden, allerdings mit einem Zugeständnis für Motoren mit einer Leistung unterhalb von 85 kW.

Dem Trend zum langhubigen Dieselmotor folgend, entwickelte Motoren-Werke Mannheim die Baureihe 645. Die mittelschnellaufenden Viertaktdieselmotoren mit Leistungen bis zu 4500 kW haben einen besten spezifischen Kraftstoffverbrauch von 175 g/kWh.

BBC
SIEMENS

Eine Spezialität der Motorenfabrik Hatz ist das Supra Silent Pack, hier im Schallmeßraum auf dem Prüfstand. Zur Geräuschminderung ist sein Einzylinder-Dieselmotor – Leistungsbereich 2,3 bis 10 kW – serienmäßig mit einer Schallkapsel ausgerüstet.

Davon ist der überwiegende Teil der Pkw-Dieselmotoren betroffen. Die nächste Verschärfung der Grenzwerte wird 1995 in Kraft treten, sofern die EG-Kommission bis Ende September 1994 eine Entscheidung über bessere Kraftstoffqualitäten trifft.

Da Umweltschutz nicht kostenlos zu haben ist, muß mit der Verschärfung der Grenzwerte ein Kompromiß beim Kraftstoffverbrauch bzw. Wirkungsgrad der Motoren eingegangen werden. Die Nutzfahrzeughersteller rechnen daher im ersten Gang mit einer Zunahme des spezifischen Kraftstoffverbrauchs um durchschnittlich 5 %, sind jedoch um eine Kompensation bemüht.

Neben die Fragen nach der Minimierung des Kraftstoffverbrauchs und der Schadstoffemission trat immer wieder die Frage nach alternativen Kraftstoffen. Beim Dieselmotor ist schon die frühe Phase seiner Entwicklung davon geprägt. Rudolf Diesel selbst hat auf die große Akzeptanz des Motors hinsichtlich unterschiedlicher Kraftstoffe immer wieder hingewiesen. Sie ist in vielen Versuchen auch unter Beweis gestellt worden.

In den letzten zwei Jahrzehnten galt die Aufmerksamkeit aufgrund der Energiekrisen besonders den alternativen – besser: additiven – Kraftstoffen. Anfang der siebziger Jahre war die Forschung in diesem Bereich sehr breit angelegt. Da ging es zum Beispiel um die Herstellung von Methanol aus Kohle oder Erdgas, wozu allerdings Energie benötigt wird, die dann aus der Kernenergie kommen sollte. Auch die mit dem Transport und der Lagerung von Methanol verbundenen Probleme wurden breit untersucht und öffentlich diskutiert.

Grundsätzlich läßt sich Methanol aus Erdgas, Kohle, Holz (Holzgeist) und sogar aus Müll herstellen. Insofern ließe es sich sogar bedingt zu den nachwachsenden Kraftstoffen zählen wie Äthanol, das aus pflanzlichen Stoffen, der sogenannten Biomasse, gewonnen und daher auch als Bioalkohol bezeichnet wird.

In Ländern mit entsprechenden klimatischen Bedingungen, das gilt zum Beispiel für Brasilien, erfolgt seit vielen Jahren schon eine Beimischung von Äthylalkohol zum Ottokraftstoff. Die Ent-

Mittelschnellaufender, langhubiger Dieselmotor aus der MaK-Baureihe M453C – einer der erfolgreichsten aus dem Programm – mit Leistungen zwischen 1800 und 5880 kW.

Die Baureihe M20 mit Leistungen zwischen 930 und 2720 kW ist die jüngste im Programm von MaK, vorgestellt 1992.

Ausgehend von den seit rund fünf Jahrzehnten gebauten luftgekühlten Dieselmotoren und einer neuen Philosophie für Einbaumotoren hat KHD eine völlig neue Motorenfamilie, bestehend aus den Baureihen FM 1012 und FM 1013, entwickelt. Es sind die ersten wassergekühlten Einbaudieselmotoren, die außer mit externer Kühlung auch mit integrierter Kühlung zur Verfügung stehen.

wicklung ist in Brasilien inzwischen soweit fortgeschritten, daß Ottomotoren seit einigen Jahren mit reinem Äthylalkohol betrieben werden. Rohstoff für den Alkohol ist das Zuckerrohr.
Mitte der siebziger Jahre konnte festgestellt werden, daß mit Alkohol betriebene Dieselmotoren keine Schwierigkeiten haben, wenn die Motoren dafür entsprechend eingerichtet werden. In einer Studie des Bundesministeriums für Forschung und Technologie[135)] heißt es: »Bei der Verwendung von Methanol als Alternativ-Kraftstoff sind keine größeren technischen Schwierigkeiten zu erkennen. Sowohl die bestehenden Motoren als auch die in der Entwicklung befindlichen Konzepte lassen sich nach entsprechender Modifizierung meistens ebensogut – wenn nicht besser – mit Methanol betreiben.« Und zur Schadstoffemission von Dieselmotoren: »Typisch für den Alkoholbetrieb ist die praktisch völlige Rußfreiheit der Abgase. Im Gegensatz zum Betrieb mit Gasöl ist deshalb die Belastungsgrenze nicht mehr durch die zulässige Abgastrübung, sondern durch die thermische Belastbarkeit der Motoren gegeben. Die im Gasölbetrieb gefahrenen höchsten Mitteldrücke erreichten bei Alkoholbetrieb noch nicht die thermische Belastungsgrenze.«
Ging es bei dieser Studie nur um die Alternativen Methanol oder Wasserstoff, so sind darüber hinaus natürlich auch die pflanzlichen Öle von Interesse gewesen und heute wieder von Interesse. Abgesehen von deren Verfügbarkeit haben die bislang durchgeführten Versuche für den Dieselmotor generell eine gute Verträglichkeit ergeben. Das gilt unabhängig von der Größe beziehungsweise Leistung des Motors.
Für den Betrieb mit Schweröl eingerichtete Großmotoren könnten zum Beispiel problemlos mit Pflanzenölen betrieben werden. Bei Fahrzeugmotoren hat sich gezeigt, daß Dieselmotoren mit Direkteinspritzung für die Verwendung von Pflanzenölestern geeignet sind und Vorkammermotoren nicht geesterte Pflanzenöle verbrennen können.[136)] Nachwachsende Kraftstoffe hätten den Vorteil, daß ihre Verwendung weitgehend CO_2-neutral ist, denn das bei der Verbrennung entstehende CO_2 verbrauchen die Pflanzen beim Wachstum. Wieviel Anbaufläche benötigt wird, um auch nur einen Teil der im Einsatz befindlichen Fahrzeuge zum Beispiel mit Rapsöl zu versorgen, ist immer wieder vorgerechnet worden. Alkohole lassen sich heute großtechnisch herstellen, bei Pflanzenölen gibt es eine Abhängigkeit von der Anbaufläche. Alternative Kraftstoffe zum Gasöl sind beide. In der Marktwirtschaft bestimmt jedoch der Preis, was gekauft und verbraucht wird. Die Marktwirtschaft funktioniert allerdings nur so lange, wie etwas verfügbar ist, also angeboten werden kann. Was heute noch als Alternative bezeichnet wird, muß in absehbarer Zeit möglicherweise die Nachfolge antreten, wenn nicht völlig neuartige Antriebssysteme entwickelt werden können. Was gegenwärtig fehlt, sind ganzheitliche Betrachtungsweisen über weite Zeiträume, mit denen die Rahmenbedingungen des zukünftigen menschlichen Lebens vorweggenommen und in unternehmerische Zielvorstellungen umgesetzt werden. Dazu gehört auch die mittel- und langfristige Energieversorgung. Der heilsame Schock der Energiekrisen ist längst vergessen.
Der Traum Rudolf Diesels, »alle Brennmaterialien in allen Aggregatzuständen«[137)] verwenden zu können, ist noch nicht in Erfüllung gegangen. Alle flüssigen und gasförmigen Kraftstoffe verbrennen heutige Dieselmotoren mit unterschiedlichem Wirkungsgrad und mit mehr oder weniger Schadstoffemissionen. Zum umfassenden Erfolg fehlt die direkte Verwendung fester Kraftstoffe. Hierzu kann auch hundert Jahre nach der Erteilung des ersten Patentes auf den Dieselmotor noch keine Würdigung erfolgen.
Ein weiteres Entwicklungspotential kann der Dieselmotor aus der Verbesserung der Kraftstoffqualität schöpfen. Weltweit laufen Bestrebungen, die Anforderungen an den Kraftstoff zu steigern. Auch wenn die Forderungen aus den einzelnen Ländern sich stark unterscheiden, so haben sie doch das gemeinsame Ziel, die Verbrennung im Motor zu verbessern und die Schadstoffemissionen zu senken. Der wichtigste Punkt ist die Senkung des Schwefelgehaltes im Kraftstoff. Gegenwärtig ist in der EG ein Schwefelanteil von maximal 0,3 Gewichtsprozenten zulässig. In Österreich liegt dieser Wert seit 1986 bereits auf der Hälfte, und die USA schreiben ab Oktober 1993 einen Schwefelanteil von maximal 0,05 % vor. Das ist auch der Wert, den der Fachverband der Europäischen Fahrzeughersteller fordert. Er soll in eine neue EG-Richtlinie eingehen.
Mit einem Kraftstoff, der einen so geringen

Schwefelanteil hat, könnten Dieselmotoren ohne Partikelfilter betrieben und die im Abgas verbleibenden Schadstoffe mit einem Oxydationskatalysator reduziert werden. Bei den heute bereits mit einem solchen Katalysator ausgerüsteten Pkw-Dieselmotoren werden die Nachteile der Oxydation der Schwefelanteile in Kauf genommen.

Die weiteren Verbesserungen des Kraftstoffs betreffen die enthaltenen Aromate und die Cetanzahl. Den Aromatenanteil will man einschränken, um die Cetanzahl zu verbessern, die ein Maß für die Zündwilligkeit des Kraftstoffs ist. Eine hohe Cetanzahl bietet die besten Voraussetzungen für einen geringen Zündverzug und somit für eine saubere Verbrennung.

Da alle diese Wünsche an den Kraftstoff mit Marktmechanismen allein nicht zu erfüllen sind, ist eine politische Entscheidung unverzichtbar. So sind auf einigen Feldern die weiteren Entwicklungschancen des Dieselmotors nicht nur von der Innovationskraft der Unternehmen, sondern auch vom politischen Umfeld abhängig.

Welche Innovationskraft in den Unternehmen steckt, zeigen die vielen Forschungs- und Entwicklungsvorhaben im Bereich des Dieselmotors, die in eigenen Labors und in Zusammenarbeit mit Universitäten, technischen Hochschulen und anderen wissenschaftlichen Instituten durchgeführt werden. Mögen sie nun spezifisch angelegt sein oder allgemeinen Charakter haben, in jedem Fall fördern sie die Idee Rudolf Diesels. Einen nicht unbedeutenden Beitrag leistet in diesem Zusammenhang die Forschungsvereinigung Verbrennungskraftmaschinen e.V., 1956 von Mitgliedern der Fachgemeinschaft Kraftmaschinen im VDMA gegründet, um die anwendungsorientierte Grundlagenforschung im Vorfeld von unternehmens- und produktspezifischen Entwicklungen zu fördern – ein weites Feld, berücksichtigt man das immer noch vorhandene Potential des Dieselmotors.

Chronik

1673

Christian Huyghens (1629–1695) teilt seinem Bruder brieflich den Gedanken einer Pulvermaschine mit. Seine Skizze zeigt das Prinzip einer atmosphärischen Gaskraftmaschine, wie sie Otto und Langen rund 200 Jahre später verwirklichen.

1766

James Watt verbessert die Dampfmaschine (Patent 1769).

1807

Der Schweizer Isaac de Rivaz (1752–1829) läßt sich den Antrieb eines Kraftfahrzeugs patentieren.

1824

Léonard Sadi Carnot, französischer Genieoffizier, veröffentlicht die Schrift »Réflexions sur la puissance motrice du feu et sur les machines propres a développer cette puissance« (übersetzt von W. Ostwald und erschienen 1892 in dessen Sammlung »Klassiker der exakten Wissenschaften«). Er hat darin, seiner Zeit weit voraus, die ideale Verbrennungskraftmaschine beschrieben, die den Kraftstoff hundertprozentig ausnutzt.
Der Weg von Carnot zu Diesel geht über Clapeyron, Clausius und Diesels Lehrer Carl Linde.

1825

Mit Georg Stephensons Dampfeisenbahn wird die Strecke Stockton – Darlington eröffnet.

1832

Am 14. Juni wird Nicolaus August Otto in Holzhausen an der Haide geboren.

1834

In Schorndorf (Württemberg) wird am 17. März Gottlieb Daimler geboren.

1844

Am 25. November wird in Karlsruhe Carl Benz geboren.

1854

Die Italiener Barsanti und Matteucci bauen den ersten Flugkolben-Motor, eine atmosphärische Gaskraftmaschine mit einem Sperrklinkengetriebe. Der Motor soll bereits einen thermischen (inneren) Wirkungsgrad von 21 % erzielt haben. Ein wirtschaftlicher Erfolg ist nach Sass nicht erzielt worden.

1858

Rudolf Christian Karl Diesel wird am 18. März in Paris als Sohn deutscher Eltern geboren. Der deutsch-französische Krieg 1870/71 zwingt seine Eltern, nach London zu gehen; er kommt nach Augsburg, besucht dort Schulen und geht 1875 zum Polytechnikum nach München. Dort gehört Carl Linde zu seinen Lehrern und weckt in ihm das Interesse am Carnotschen Kreisprozeß, dessen Verwirklichung ihn von da an beherrscht.

1860

Der gebürtige Luxemburger Jean Joseph Etienne Lenoir (1822–1900) meldet im Januar in Frankreich einen Gasmotor zum Patent an und läßt in Paris danach Motoren bauen.
Der Lenoirmotor beeinflußt Otto und gibt dem gelernten Kaufmann für den weiteren Lebensweg eine völlig andere Richtung.

1861

Bei Experimenten mit einem nachgebauten Lenoirmotor macht Otto den entscheidenden Schritt zum Viertaktverfahren: Er entdeckt die Bedeutung der Verdichtung und läßt einen Versuchsmotor bauen, versäumt jedoch, sich seine Idee schützen zu lassen.

1862

Alphonse-Eugén Beau des Rochas, Ingenieur in der Zentralverwaltung der französischen Südbahn, veröffentlicht seine Schrift »Nouvelles recherches sur les conditions pratiques de l'utilisation de la chaleur et en général de la force motrice. Avec application au chemin de fer et à la navigation.« Rochas gibt vier Bedingungen für die beste Nutzung der Energie in einem Gasmotor an, die auch heute noch gelten:

1. ein möglichst großes Zylindervolumen, von der Form einer möglichst kleinen Oberfläche,
2. eine möglichst weitgehende Entspannung,
3. eine möglichst große Kolbengeschwindigkeit,
4. ein möglichst hoher Druck zu Beginn der Entspannung.

1867

Otto und Langen gehen mit ihrem atmosphärischen Gasmotor auf die Weltausstellung nach Paris, wo dieser als wirtschaftlichste Verbrennungskraftmaschine ausgezeichnet wird, da er nur halb so viel Gas verbrauchte wie die anderen dort gezeigten Motoren.

1872

Brayton meldet in den USA seinen Motor zum Patent an. Die ersten Motoren kommen 1876 auf den Markt.
Diesel wird über Gustave Richard auf den Motor aufmerksam geworden sein, der ihn in seinem Buch »Les nouveaux moteurs à gaz et à pétrol« (Paris, 1892) beschrieben hat, denn Diesel korrespondiert 1892/93 mit Richard.
Die Vorläuferschaft des Braytonmotors für den Dieselmotor bezieht sich ausschließlich auf die Einblasung des Kraftstoffs mit Druckluft. Wesentlicher Unterschied ist die Höhe des Drucks. Brayton arbeitet nur mit 4 bis 5 bar, Diesel mit 65 bar.

1876

Nicolaus August Otto realisiert in Köln das Viertaktverfahren, schafft damit den entwicklungsfähigen Verbrennungsmotor und begründet die Motorentechnik der Welt. Er ist mit Blick auf das Viertaktverfahren in den Kreis der Vorläufer Diesels einzureihen.
Die Gasmotoren-Fabrik Deutz meldet am 5. Juni »Otto's neuen Motor« zum Patent an, das am 4. August 1877 erteilt wird und die Nummer DRP 532 erhält.

1883

Daimler und Maybach bauen den ersten schnelllaufenden Verbrennungsmotor.

1884

Otto erfindet die elektromagnetische Niederspannungszündung (Abreißzündung), die wenige Jahre später Robert Bosch zu seinen Arbeiten auf dem Gebiet der elektromagnetischen Zündung anregt.

1885

Der erste von Emil Capitaine konstruierte Motor wird von der Berliner Maschinenbau-AG vorm. Schwartzkopff hergestellt.

1887

Der Belgier Paul Winand verbessert bei der Gasmotoren-Fabrik Deutz die Abreißzündung von Otto und erfindet die mit DRP 45 161 geschützte Hochspannungszündung. Das Patent verfällt 1890 ungenutzt und gerät in Vergessenheit. Das später von Gottlob Honold bei Bosch entwickelte Zündsystem (DRP 156 117) ist mit dem Winandschen identisch. Bosch läßt daher das DRP 156 117 fallen.
Köhler beweist in seiner Schrift »Theorie der Gasmaschinen«, daß der Carnot-Prozeß nicht ausführbar ist.

1890

Herbert Akroyd Stuart meldet am 8. Mai in London seinen Verbrennungsmotor zum Patent an (7146/1890). Er wird zum Vorbild für alle Glühkopfmotoren, die außerhalb Deutschlands auch als »semi-diesel engine« laufen.
Der in Zusammenarbeit zwischen dem Erfinder und Hornsby & Sons in Grantham entwickelte Motor wird in Deutschland von Gebrüder Pfeiffer in Kaiserslautern gebaut.

Nach Sass ist der Akroydmotor die erste Verbrennungskraftmaschine gewesen, die erfolgreich mit Gasöl betrieben werden konnte.

1891

Nicolaus August Otto stirbt am 26. Januar in Köln.

1892

Am 27. Februar meldet Diesel sein Verfahren zur höchsten Wärmeausnutzung im Motor zum Patent an, das knapp ein Jahr später, am 23. Februar 1893, unter der Nummer 67207 beurkundet wird. Er glaubt damit den Carnot-Prozeß verwirklichen zu können, was sich schnell als Irrtum erweist.
Die Auslegung des Patentgesuchs erfolgt am 3. September, das Patent wird am 23. Dezember mit Wirkung vom 28. Februar erteilt.

1893

Abschluß eines Vertrages zwischen Rudolf Diesel und der Maschinenfabrik Augsburg AG, am 21. Februar, über den Bau eines Versuchsmotors und eine Lizenz für die Rheinpfalz, Bayern, Württemberg und Baden.
Am 10. April tritt Rudolf Diesel seine Rechte am Patent DRP 67207 an Fried. Krupp ab.
Am 25. April schließen die Maschinenfabrik Augsburg und Krupp einen Konsortialvertrag zur gemeinschaftlichen Verwertung des Patentes DRP 67207.
Am 16. Mai schließt Rudolf Diesel mit Gebrüder Sulzer, Winterthur, einen Vertrag zur Nutzung des Schweizer Patentes 5321.
Am 12. Juli ist der erste Versuchsmotor in Augsburg fertiggestellt (Umschlagbild und Seite 14). Der nicht erhalten gebliebene, sondern umgebaute Motor ist in seinem ersten Konstruktionsstand nie selbständig gelaufen.
Am 29. November reicht Diesel dem Patentamt die Anmeldung für das »besondere Patent« ein, das später die Nummer DRP 82168 erhält. Die Auslegung der Patentschrift erfolgt am 13. Dezember 1894, nach mehreren Änderungen und Ergänzungen. Erteilt wird das Patent DRP 82168 am 12. Juli 1895.

1894

Nach Umbau des ersten Versuchsmotors beginnt am 18. Januar die zweite Versuchsreihe. Am 17. Februar läuft der Motor erstmals im Leerlauf. Der Kraftstoff wird dabei mit Druckluft eingeblasen. Diesel kehrt jedoch zum Gedanken der »Vergasung« des Kraftstoffs zurück.
Die dritte Versuchsreihe beginnt am 28. Juni mit einem sogenannten »inneren Vergaser«, bringt jedoch nur Mißerfolge.
Bei der vierten Versuchsreihe, die am 11. Oktober beginnt, wird ein »äußerer Vergaser« verwendet. Über den Leerlauf kommt der Motor nicht hinaus.
Im November beginnt der zweite Umbau des Versuchsmotors, wobei Grundplatte, Kurbelwelle und Gestell erhalten bleiben, während Zylinder, Kolben und Zylinderkopf erneuert werden. Bei unverändertem Hub von 400 mm steigt die Bohrung von 150 auf 220 mm. Damit verdoppelt sich das Hubvolumen.
Diesel weiß inzwischen, daß er Kraftstoff und Luft innig vermischen muß.

1895

Am 26. März beginnt mit dem umgebauten Motor die fünfte Versuchsreihe. Als Kraftstoff werden Benzin, Gas oder Petroleum verwendet.
Zwei Jahre nach Beginn der Versuche kann am 26. Juni der erste Bremsversuch mit einem Pronyschen Zaum durchgeführt werden. Der spezifische Kraftstoffverbrauch beträgt 382 g/PSh, was einem Wirkungsgrad von 16,6 % entspricht.
Zwischen dem 8. November und dem 20. Dezember läuft der Motor im Dauerversuch 111 Stunden. Am 18. November beträgt der Kraftstoffverbrauch 351 g/PSh.

1896

Am 20. Februar in Essen und am 22. Februar in Magdeburg wird beschlossen, einen größeren Versuchsmotor mit einer Bohrung von 250 mm bei weiter unverändertem Hub von 400 mm zu bauen.
Am 5. März reicht Diesel dem Patentamt eine Anmeldung unter dem Titel »Verfahren zur Erhöhung der Leistung von Explosions- bzw. Verbrennungskraftmaschinen« ein. Er will die Unterseite

des Kolbens nutzen, um die Luft vorzuverdichten – der erste Schritt zur Aufladung.
Die sechste Versuchsreihe beginnt am 16. Oktober.

1897

Nach weiteren Veränderungen am Motor, vor allem am sogenannten Zerstäuber, durch den der Kraftstoff fein verteilt in die Einblaseluft gelangt, wird am 27. Januar bei reinem Auspuff ein Verbrauch von 258 g/PSh gemessen.
Am 17. Februar wird bei einem Testlauf des Dieselmotors, unter Aufsicht von Prof. Moritz Schröter, München, ein Wirkungsgrad von 26,2 % festgestellt. Der Motor gilt in den folgenden Monaten als »marktreif«. Bis Oktober 1898 werden von Diesel 22 Lizenzen vergeben, einschließlich derjenigen an MAN, Krupp und Sulzer.
Der deutschstämmige Brauereibesitzer Adolphus Busch aus St. Louis schließt am 6. September mit Rudolf Diesel einen Vorvertrag zur Nutzung der Patentrechte in Nordamerika (fester Vertrag am 9. Oktober in München).
Diesel glaubt mit einem Verbundmotor, bei dem ein Zylinder unter Nutzung der Abgasenergie (Oberseite des Kolbens) als Ladepumpe (Unterseite des Kolbens) wirkt, gute Ergebnisse zu erzielen. Der Versuchsmotor bringt am 3. November einen Verbrauch von 524 g/PSh.
Gründung der Diesel Motor Company of America durch Busch.
Mirrlees, Watson & Yaryan Co. Ltd. in Glasgow konstruiert die erste Umsteuerung eines Dieselmotors. Um die Drehrichtung des Motors zu ändern, sollten die Nocken des Ventiltriebes seitlich auf der Welle verschoben werden.

1898

Der erste Dieselmotor der Maschinenfabrik Augsburg wird im März bei der Aktiengesellschaft Union vereinigte Zündholz- und Wichse-Fabriken in Kempten in Betrieb genommen. Der Motor mit einer Leistung von »2 × 30 PS« bei einer Drehzahl von 180/min ist als »Kemptener Motor« in die Technikgeschichte eingegangen. Er trug die Fabrik-Nr. 4.
Am 7. Mai wird erstmals in Amerika ein Dieselmotor (auf einer New Yorker Ausstellung) vorgeführt.
Vom 16. Juni bis zum 16. Oktober findet in München die II. Kraft- und Arbeitsmaschinenausstellung statt, auf der erstmals eine öffentliche Präsentation von Dieselmotoren in Deutschland erfolgt.
Am 17. September wird in Augsburg die Allgemeine Gesellschaft für Dieselmotoren AG gegründet.
Die Gasmotoren-Fabrik Deutz baut in Köln unabhängig von Augsburger Zeichnungen den ersten kreuzkopflosen Dieselmotor der Welt (Typ X mit einer Leistung von 10 PS bei einer Drehzahl von 220/min).
Erste Versuche mit einem 6-PS-Motor, der dem Antrieb eines Kutschenwagens dienen soll, bei der Maschinenbau-Aktien-Gesellschaft Nürnberg.
Mit einer von Krupp und Maschinenfabrik Augsburg verfaßten Petition soll eine Herabsetzung des Zolls auf Petroleum erreicht werden.

1899

Der Schweizer Frédéric Dyckhoff macht einen Vorschlag zur Umsteuerung des Dieselmotors, der Dyckhoff, Krupp und MAN mit DRP 107395 vom 25. April 1899 geschützt wird.
Im Herbst wird mit dem Plattenzerstäuber eine brauchbare Lösung gefunden, mit der sich die Probleme bei der Einblasung des Kraftstoffs lösen lassen und eine weitgehend rauchfreie Verbrennung erreicht wird.

1900

Dyckhoff, Bar-le-Duc, baut den ersten direkt umsteuerbaren Dieselmotor, der jedoch keine Marktbedeutung erlangt. (DRP 107395 vom 25. April 1899)
Mit DRP 127159 wird für MAN die zweistufige Verdichtung der Einblaseluft geschützt, wobei jedoch noch ein Teil der im Arbeitszylinder verdichteten Luft genutzt und über einen einstufigen Kompressor geführt wird.

1902

Beginn der Entwicklung von Dieselmotoren als U-Boot-Antriebe in Frankreich bei Sautter Harlé & Cie., Paris.

Die Maschinenfabrik Ludwig Nobel in St. Petersburg entwickelt Zweitaktdieselmotoren für den Schiffseinsatz mit einer Umsteuereinrichtung, deren Erprobung 1905 beginnt.
Das Umsteuerprinzip von Nobel bildet die Grundlage für die noch heute übliche Art der Umsteuerung von Dieselmotoren, bei der die Nokkenwelle verschoben wird.
Gründung der American Diesel Engine Company als Nachfolgegesellschaft der Diesel Motor Company of America.

1903

Einbau eines Dieselmotors in den Lastkahn »Petit Pierre« durch Dyckhoff, Bar-le-Duc. Er erhält einen Doppelkolbenmotor mit einer Leistung von 25 bis 30 PS. Die Umsteuerung erfolgt über einen Verstellpropeller.
Der italienische Ingenieur Cesidio Del Proposto erhält ein Patent auf eine Umsteuereinrichtung für Schiffsantriebe – nicht für den Dieselmotor! – bei der für die Rückwärtsfahrt ein elektrischer Antrieb über Generator und Elektromotor genutzt wird (DRP 147927 vom 4. April 1903).
In Augsburg entsteht der erste Schiffsdieselmotor von MAN. Der Vierzylindermotor mit einer Leistung von 140 PS bei einer Drehzahl von 400/min ist noch nicht umsteuerbar.

1904

Indienststellung des Flußtankschiffes »Vandal«, des ersten von Dieselmotoren angetriebenen größeren Schiffes. Die Leistungsübertragung erfolgt diesel-elektrisch, da die Motoren noch nicht umsteuerbar sind. Die »Vandal« wird zwischen St. Petersburg und Astrachan am Kaspischen Meer eingesetzt.
Ab Mitte des Jahres werden alle neuen Motoren bei MAN mit einem unabhängigen zweistufigen Kompressor ausgerüstet.

1905

Erster Hinweis von Büchi auf die Leistungssteigerung eines Motors mit Hilfe vorverdichteter Luft.
Sulzer rüstet das für den Genfer See bestimmte Frachtschiff »Venoge« mit einem nicht umsteuerbaren Dieselmotor aus.

1906

Sulzer stellt auf einer Ausstellung in Mailand seinen ersten umsteuerbaren Dieselmotor vor.

1908

Indienststellung der »Djelo«, eines Binnentankers mit einer Tragfähigkeit von 4200 t, für den Einsatz auf dem Kaspischen Meer. Da ihre Motoren noch nicht direkt umsteuerbar sind, wird sie für die Rückwärtsfahrt mit einem kuppelbaren Kettenantrieb ausgerüstet.
Auf der Basis eines Ottomotors von Saurer entsteht bei Safir in Zürich unter Mitwirkung von Rudolf Diesel ein schnellaufender Dieselmotor – noch mit Lufteinblasung – der ein Straßenfahrzeug antreiben soll.

1909

Prosper L'Orange meldet am 13. März das Vorkammerverfahren zum Patent an. Das auf Benz & Cie. Rheinische Gasmotoren-Fabrik Akt.-Ges. lautende DRP 230517 wird am 1. Februar 1911 erteilt. Der Wert des Patents bleibt jedoch zunächst unerkannt, was dazu führt, daß ab 1915 keine Patentgebühren mehr gezahlt werden und das Patent verfällt.
Die Bedeutung wird erst erkannt, nachdem L'Orange nach dem Ersten Weltkrieg einen schwedischen Motor untersucht (Ljusne-Woxna).

1910

In Amsterdam wird das Motorschiff »Vulcanus« gebaut und mit einem 500-PS-Motor von Werkspoor ausgerüstet.
James McKechnie, technischer Direktor bei Vikkers in England, erhält sein erstes Patent zur direkten Einspritzung des Kraftstoffs in den Dieselmotor.
Ende des Jahres wird als Nachfolgegesellschaft der American Diesel Engine Company die Busch-Sulzer Bros.-Diesel Engine Co. gegründet.

1912

Die »Selandia« wird als erstes größeres seegehendes Schiff mit Dieselmotorenantrieb in Dienst

gestellt und unternimmt von Kopenhagen aus eine erfolgreiche Jungfernreise nach Bangkok. Ihre Motoren sind direkt umsteuerbar.
Auf der Grundlage des DRP 250216, dem sogenannten Brandispatent vom 17. März 1910, liefert die Motorenfabrik Deutz AG (heute KHD) die ersten kompressorlosen Dieselmotoren der Welt. Sie werden mit Zylinderleistungen bis zu 100 PS gebaut. Der beste spezifische Kraftstoffverbrauch wird mit 199 g/PSh gemessen.
Um die Versorgung der Motorenkunden mit Petroleum sicherzustellen, gründet MAN mit anderen Interessierten am 29. Mai in Berlin die Gasöl-Verkaufs-Gesellschaft mbH.

1913

Die erste betriebsreife Diesellokomotive wird in Dienst gestellt. Sie ist mit einem 1000-PS-Motor von Sulzer ausgerüstet, dessen Leistung direkt auf den Treibsatz wirkt.
In der Nacht vom 29. auf den 30. September setzt Rudolf Diesel auf der Überfahrt von Antwerpen nach Harwich seinem Leben ein Ende. Seine Leiche wird von einem Lotsenboot im Wasser treibend gefunden, der Kleidung einige Gegenstände entnommen, bevor die Leiche dem Meer wieder überlassen wird.

1914

Mit seiner Idee zur Einspritzung mittels Einspritzpumpe und gesteuerter Einspritzdüse, die zum englischen Patent 1059/1914 vom 14. Januar führt, gelingt McKechnie der entscheidende Schritt zur direkten hydraulischen Einspritzung. Man bezeichnet ihn daher als »Schöpfer der hydraulischen Direkteinspritzung«.

1916

Versuche bei MAN mit »Fremdaufladung«, bei der ein elektrisch angetriebenes Gebläse verdichtete Luft liefert. Lieferung einiger Motoren erfolgt ab 1924.

1919

Maybach-Motorenbau GmbH steigt mit schnelllaufenden Motoren in den Dieselmotorenbau ein und stellt damit Weichen für die Verdieselung des Schienenverkehrs in Deutschland.

Benz & Cie. erhält am 18. März das berühmte DRP 397142 erteilt, mit dem der Weg zum Vorkammer-Dieselmotor und damit zum schnellaufenden Motor endgültig frei wird.
MAN erhält das DRP 349124 vom 26. Juli für die direkte hydraulische Einspritzung, allerdings noch mit offener Düse.

1921

Die Motorenfabrik Deutz verwirklicht als erste die direkte hydraulische Einpritzung bei Großmotoren (DRP 473826) mit geschlossener Düse, die richtungweisend für die weitere Entwicklung der Einspritztechnik bei Dieselmotoren wird.

1922

Hesselman meldet am 26. Juli in Deutschland seine Ansprüche auf die hydraulische Einspritzung an und erhält das DRP 409896.
Peugeot unternimmt mit einem Pkw vom Typ 156, der mit einem 15-PS-Dieselmotor ausgerüstet ist, eine Langstreckenfahrt von Paris nach Bordeaux und zurück.

1923

Benz liefert schnellaufende Dieselmotoren für Motorpflüge.
Motoren-Werke Mannheim baut das Motorpferd, die erste serienmäßige Zugmaschine mit Dieselmotor.
Versuchsfahrten von Benz mit einem 5-t-Lastwagen, der von einem Vorkammer-Dieselmotor angetrieben wird.
MAN verwirklicht einen kompressorlosen Fahrzeug-Dieselmotor mit Direkteinspritzung, der ab 1924 serienmäßig gebaut wird.

1925

Beginn der Herstellung von Dieselmotoren für Rangierlokomotiven in den Vereinigten Staaten bei Ingersoll-Rand.
Erste praktische Anwendung der Abgasturboaufladung nach Büchi bei den von der Vulkanwerft in Stettin gebauten Motoren für die Schiffe »Preußen« und »Hansestadt Danzig«.

1926

Alfred Büchi gründet mit BBC, Baden, und der Schweizerischen Lokomotiv- & Maschinenfabrik, Winterthur, das Büchi-Syndikat zur Nutzung der von ihm entwickelten Abgasturboaufladung.

1928

Packard Car Company entwickelt einen luftgekühlten Diesel-Flugmotor.
Junkers zeigt auf der Internationalen Luftfahrtausstellung in Berlin seinen ersten Diesel-Flugmotor (825 PS).

1929

Erprobung des Diesel-Flugmotors Jumo 4 in einem einmotorigen Flugzeug.
Cummins baut versuchsweise einen Dieselmotor in einem Packard Pkw ein.

1930

Beardmore entwickelt für das englische Luftschiff R101 einen Diesel-Flugmotor.

1933

Musterzulassung des Diesel-Flugmotors Jumo 205 mit 600 PS bei einem Leistungsgewicht von nur 1 kg/PS.
Der Jumo 205 von Junkers ist der einzige serienmäßig hergestellte Diesel-Flugmotor für zivile Anwendungen.

1934

Mit einem von Bristol entwickelten Diesel-Flugmotor wird ein Höhenrekord aufgestellt.
Erste amerikanische Diesellokomotiven für Personenzüge.

1935

MAN übernimmt den Dieselmotorenbau von AEG.
Daimler-Benz liefert die ersten Diesel-Flugmotoren (900/1200 PS) für das Luftschiff LZ 129 aus.

1936

Die Daimler-Benz AG präsentiert mit dem 260D den ersten serienmäßig hergestellten Pkw mit Dieselmotor.

1938

Maybach realisiert mit dem Motor vom Typ GO6 den ersten schnellaufenden Großmotor mit Abgasturboaufladung (12 Zylinder, 650 PS, 1400/min).
Saurer baut die ersten schnellaufenden Nutzfahrzeugmotoren mit Abgasturboaufladung.

1940

Erste amerikanische Diesellokomotiven für Güterzüge.

1948

Die Klöckner-Humboldt-Deutz AG (KHD), Köln, nimmt die Großserienfertigung für luftgekühlte Dieselmotoren auf, die zunächst mit Leistungen von 10 bis 350 PS angeboten werden. Die Leistungen steigen mit der Weiterentwicklung auf rund 600 PS. Das Unternehmen wird weltweit der größte Anbieter für diese Motoren.

1950

Viertakt-Kreuzkopf-Dieselmotor mit Hochaufladung erreicht bei MAN auf dem Prüfstand einen Wirkungsgrad von 44,6%. Sein Kraftstoffverbrauch liegt unter 140 g/PSh. Mit einer Nutzturbine sinkt der spezifische Verbrauch sogar auf 136 g/PSh.

1952

Einführung der Abgasturboaufladung bei Zweitakt-Dieselmotoren – eine wesentliche Voraussetzung für die Substitution der Dampfantriebe bei Schiffen.

1976

Mit zweistufiger Abgasturboaufladung an einem Viertakt-Dieselmotor wird ein mittlerer effektiver Druck von 30 bar erreicht.

1982

Mit einem Zweitakt-Großdieselmotor von MAN B & W Diesel wird erstmals auf dem Prüfstand in Kopenhagen ein Wirkungsgrad von mehr als 50 % erreicht.

1984

MAN B & W Diesel erzielt mit 167,3 g/kWh den bislang niedrigsten Verbrauch eines serienmäßigen Viertakt-Großdieselmotors (Zylinderleistung 1213 kW).

1987

MAN liefert für die »Queen Elizabeth 2« neun Viertakt-Dieselmotoren mit einer Leistung von insgesamt rund 95 600 kW – die größte dieselelektrische Schiffsantriebsanlage der Welt.

1989

Der japanische Lizenznehmer von MAN B & W Diesel, Mitsui Engineering & Shipbuilding Co.Ltd., Tokio, baut den leistungsstärksten Großdieselmotor mit rund 48 840 kW.

Anmerkungen

1)
Der Carnot-Prozeß beschreibt physikalisch eine ideale Verbrennungskraftmaschine, mit der sich ein Wirkungsgrad von 100 % erzielen ließe, wenn es gelänge, das Gas auf -273°C – den absoluten Nullpunkt – abkühlen zu lassen. Aber selbst eine Abkühlung auf Umgebungstemperatur ist praktisch nicht möglich. Generell sagt der Prozeß aus, daß in einer Verbrennungskraftmaschine ein möglichst großes Druck- und Temperaturgefälle erzeugt werden muß, um einen guten Wirkungsgrad zu erhalten.

2)
Diesel schickt am 11. Februar 1892 seine Handschrift mit dem Titel »Theorie und Construction eines rationellen Wärmemotors« an Carl Linde. Damit beginnt der wissenschaftliche Gedankenaustausch zunächst zwischen beiden, später zwischen Diesel und Schröter.

3)
Friedrich Sass, Geschichte des Deutschen Verbrennungsmotorenbaues von 1860 bis 1918, Berlin 1962, S. 392.

4)
Eugen Diesel, Erfindung und Priorität, Vortrag vor dem Hamburger Bezirksverein des VDI am 27. April 1951 im Völkerkundemuseum in Hamburg. Als Manuskript vervielfältigt, o.J., S. 6, KHD-Archiv.

5)
Kurt Schnauffer, Die Erfindung des Dieselmotors – Triumph einer Theorie, Festvortrag zum 100. Geburtstag von Rudolf Diesel, am 17. März 1958 in Augsburg, veröffentlicht in: MAN-Dieselmotoren-Nachrichten, Nr. 36, 1958.

6)
Undatierte Handschrift Rudolf Diesels aus dem Nachlaß beim Deutschen Museum München (zitiert nach Sass, Anm. 3, S. 447).

7)
Schreiben von Rudolf Diesel an Heinrich Buz vom 20. April 1892, MAN-Archiv.

8)
Wilhelm Worsoe, Die Mitarbeit der Werke Fried. Krupp an der Entstehung des Dieselmotors in den Jahren 1893/97 und an der Anfangs-Entwicklung in den Jahren 1897/99, S. 9. Der Verfasser versucht den Eindruck zu vermitteln, daß Diesel aufgrund der regelmäßigen Zahlungen von Krupp die Rolle »eines Vertreters Krupps« gehabt habe.

9)
Die folgenden Daten und Fakten sind dem »Bericht über die Versuche ausgeführt im April 1897 an einem Versuchs-Motor mit Einem Cylinder von 20 Effektivpferden Normalkraft gebaut von ›Maschinenfabrik Augsburg‹« entnommen, den Moritz Schröter, Professor an der technischen Hochschule München im Mai 1897 vorgelegt hat. Der Titel enthält einen Setzfehler: Er nennt den April, obwohl die Versuche im Februar 1897 durchgeführt wurden (vgl. Sass, Anm. 3, S. 480 f).

10)
Brief von Rudolf Diesel an Heinrich Buz vom 10. Februar 1897, MAN-Archiv.

11)
Kurt Schnauffer, Lizenzverträge und Erstentwicklungen des Dieselmotors im In- und Ausland 1893–1909, Teil 1 (Text), 1958, MAN-Archiv. Deutsche Lizenznehmer neben Krupp und MAN:
- Breslauer AG für Eisenbahnwagenbau, Breslau
- Gasmotoren-Fabrik Deutz AG, Köln
- Diesel Motoren-Fabrik AG, Augsburg
- Dieselmotoren-Verkaufsgesellschaft, Breslau
- Maschinenbau-Aktien-Gesellschaft, Nürnberg
- Maschinenbauanstalt H. Pauksch, Landsberg/Warthe
- Maschinenbau-Anstalt »Breslau« GmbH, Breslau

– Maschinen- und Broncewarenfabrik L. A. Riedinger, Augsburg.

12)
Worsoe, Anm. 8, S. 67.

13)
Sass, Anm. 3, S. 482.

14)
Schnauffer, Anm. 11, S. Iff.

15)
Schnauffer, Anm. 11, S. If.

16)
Schnauffer, Anm. 11, S. 10.

17)
Ein Kreuzkopf ist ein Maschinenelement: ein gerade geführtes Gelenk, an das zum Beispiel beim Motor eine Pleuelstange angreift, um die Kolbenkraft auf die Kurbelwelle zu übertragen. In Anlehnung an die Dampfmaschine wurden viele Verbrennungsmotoren früher als Kreuzkopfmaschinen ausgeführt, bevor sich die sogenannte Tauchkolbenmaschine, bei der das Pleuel direkt am Kolben angreift, durchsetzte. Den Kreuzkopf findet man heute fast nur noch bei Zweitakt-Großmotoren.

18)
Schnauffer, Anm. 11, S. 64.

19)
Schnauffer, Anm. 11, S. 70f.

20)
Schnauffer, Anm. 11, S. 42.

21)
Schreiben von Gebrüder Sulzer an Rudolf Diesel vom 24. Juni 1911 zum Thema »Historische Notizen über Dieselmotoren«. Im Gegensatz zu diesem Schreiben wird in einer englischen Veröffentlichung aus dem Nachlaß von Rudolf Diesel im Deutschen Museum in München – vermutlich The Motor Boat – als Tag der Indienststellung der »Venoge« der 2. September 1905 genannt.

22)
vgl. Abschnitt »Dieselmotoren für Schienenfahrzeuge«, S. 66.

23)
Schnauffer, Anm. 11, S. 79.

24)
»Three Sticks Bamboo . . .«, Broschüre, herausgegeben von der East Asiatic Company, Copenhagen 1991.

25)
Johannes Lehmann, M/S SELANDIA, 1912-1937, Copenhagen, 1937. Die Wahl des Namens war eine Reminiszenz an den dänischen König Christian X., der gerade sein Amt übernommen hatte.

26)
Eugen Diesel, Der Mensch, das Werk, das Schicksal, Stuttgart 1948, S. 241. Diesel vermutet, daß Wallenberg auch mit Burmeister & Wain im Kontakt gestanden habe. B & W hat den Lizenzvertrag mit Rudolf Diesel am 28. Januar 1898 unterzeichnet.

27)
Schnauffer, Anm. 11, S. 72.

28)
Schnauffer, Anm. 11, S. 83.

29)
Schnauffer, Anm. 11, S. 75.

30)
G.M. Evans, SELANDIA, Pioneer vessel that heralded the era of the seagoing motor ship, in: Marine Propulsion, April 1987.

31)
The »SELANDIA'S« First 20 Years, in: The Motor Ship, January 1932, o.V.

32)
Rudolf Diesel, Überblick über den heutigen Stand des Baues von Dieselmotoren und dessen Bedeutung für die Weltindustrie im allgemeinen und die englische Industrie im besonderen, in: Der Oelmotor, Nr. 1, 1912.

33)
Eugen Diesel, Anm. 26, S. 415.

34)
Aus einem Bericht von Paul Meyer, zitiert nach Sass, Anm. 3, S. 485.

35)
Eugen Diesel, Anm. 26, S. 248.

36)
Brief von Rudolf Diesel an Berthold Bing vom 8. Juli 1898, zitiert nach Sass, Anm. 3, S. 492.

37)
Diesel-Motor, Druckschrift der Maschinenfabrik Augsburg, Januar 1898, MAN-Archiv.

38)
Gustav Goldbeck, Gebändigte Kraft, München 1965, S. 113. Wirtschaftlichkeitsvergleich nach C. Korte und A. Riedler von 1891.

39)
Goldbeck, Anm. 38, S. 115.

40)
Vergleichsrechnung für unterschiedliche Motorgrößen (25, 100 und 600 PS) und Kraftstoffpreise einerseits und Dampfmaschinen derselben Leistung andererseits. Die Tabellenrechnung ist undatiert, kann aufgrund der Kraftstoffpreise jedoch zwischen 1909 und 1912 eingeordnet werden. MAN-Archiv.

41)
Friedrich Barth, Die zweckmäßigste Betriebskraft, Sammlung Göschen.

42)
ARAL Verkehrstaschenbuch, Stichworte zu Erdöl und Mineralölprodukten, Bochum, Ausgabe 1992/93, S. 358.

43)
Keith Owen, Trevor Coley, Automotive Fuels Handbook, Herausgegeben von SAE, Warrendale (USA), o.J., S. 17.

44)
Wolfhard Weber, Erdölhandel und Erdölverarbeitung an der Unterweser 1860–1895, Bremen 1968.

45)
Diese sowie die folgenden Preis- und Mengenangaben sowie die Zitate nach Zeitschrift des Vereins deutscher Ingenieure, Nr. 38, 1903.

46)
Owen, Anm. 43, S. 17.

47)
Rudolf Diesel, Ueberblick über den heutigen Stand des Dieselmotorenbaues und die Versorgung mit flüssigen Brennstoffen, in: Zeitschrift des Vereins deutscher Ingenieure, Jahrgang 1911, Seite 1345.

48)
Die »Petroleum-Petitionen« der Jahre 1898, 1900 und 1904. o. V., handschriftlicher Vermerk: v. H. v. Kürzel, ca. 1940, 17 S., MAN-Archiv.

49)
Nachgereichter Schriftsatz zur Petition vom 4. September 1911, mit dem deutlich gemacht wird, daß der Kraftstoffpreis (Treiböl) innerhalb eines Monats erheblich gestiegen ist. Der an den Bundesrat gerichtete Schriftsatz ist datiert vom 4. Oktober 1911 und unterzeichnet von H. Buz, MAN-Archiv.

50)
Rundschreiben der Maschinenfabrik Augsburg-Nürnberg AG vom 16. November 1912 an die »Besitzer von MAN-Dieselmotoren«. Die Gasöl-Verkaufs-Gesellschaft bot an, Kraftstoffproben zu untersuchen, um die Verwendbarkeit beliebiger Provenienzen sicherzustellen. MAN-Archiv.

51)
Protokoll über die konstituierende Versammlung der Gasöl-Verkaufs-Gesellschaft mbH, Berlin, vom 29. Mai 1907, MAN-Archiv.

52)
MAN Zeitung Nr. 2 vom Februar 1921, S. 2 ff.

53)
Gustav Goldbeck, Kraft für die Welt, Düsseldorf und Wien 1964, S. 106 f.

54)
Prosper L'Orange, Ein Beitrag zur Entwicklung der kompressorlosen Dieselmotoren, Berlin 1934, S. 9.

55)
Gustav Goldbeck, Statistik über von der GFD zwischen 1907 und 1936 verkaufte Dieselmotoren, KHD-Archiv. Ursprünglich wollte die GFD den Namen »Diesel« im Zusammenhang mit ihrer Werbung nicht verwenden, um eine Auseinandersetzung mit Diesel selbst zu vermeiden. Dann geriet jedoch der Begriff »Diesel-Bauart« in die Anzeige einer Verkaufsstelle, was zu einer prompten Reaktion von MAN führte (28. 3. 1907). Die folgende Auseinandersetzung führte zur sogenannten Preisconvention für Dieselmotoren, einem Kartell, an dem Gebrüder Sulzer, Krupp, Gasmotoren-Fabrik Deutz, Gebrüder Körting und MAN beteiligt waren. Unter der Preisconvention sollte der gegenseitige Schutz bis zum 1. Januar 1913 begrenzt sein. Aufgrund eines Streitfalles brach die Convention 1910 auseinander.

56)
Kaufmännische Mitteilung über Modell 8, Gasmotoren-Fabrik Deutz, Köln-Deutz, 18. Februar 1907, KHD-Archiv.

57)
Bericht vor der Hauptversammlung des Vereins deutscher Ingenieure von 1911, in: Zeitschrift des Vereins deutscher Ingenieure, Jahrgang 1911, Seite 1334, unter dem Titel »Die neuere Entwicklung der ortsfesten Ölmaschine«.

58)
Goldbeck, Anm. 55, S. 24 f.

59)
Gutachten von Prof. Nägel im Reichsgerichtsprozeß, den Gebrüder Körting gegen die Gasmotoren-Fabrik Deutz angestrengt hatte, um das Brandis-Patent DRP 250 216 zu Fall zu bringen. Körting unterlag, die Klage wurde kostenpflichtig abgewiesen. KHD-Archiv.

60)
Zweifelsfrei ist der Motor der »Fram« nach Hesselman-Patent gebaut worden. In verschiedenen Quellen, unter anderem bei Sass, wird der Eindruck vermittelt, daß der Motor von Benz geliefert wurde. Dazu fehlen schlüssige Belege. Benz hielt eine entsprechende Lizenz und warb auch mit der »Fram«, wie Prospekten und Referenzlisten zu entnehmen ist.

61)
Erinnerungen, 1909–1984, Motorenbau in Friedrichshafen, Friedrichshafen 1984, S. 49.

62)
vgl. Abschnitt »Die Aufladung der Dieselmotoren«, S. 63ff.

63)
Pionierpatent ebnet den Weg zum schnellaufenden Dieselmotor, 17. Februar 1959, ohne Unterschrift, Zeichen Dr. Schi[ldberger]/Di, MB-Archiv.

64)
Sass, Anm. 3, S. 288.

65)
vgl. Anm. 37.

66)
Versuche zur Bestimmung des Verhaltens von Gasen bei hoher Compreßion (100 bis 107,5 at), vom 25. und 26. Mai bzw. 6., 10. und 13. Juni 1893 in der Gußstahlfabrik von Fried. Krupp in Essen. Niederschrift vom 15. Juni 1893. Nachlaß Rudolf Diesel, DM München.

67)
Worsoe, Anm. 8, S. 35.

68)
Fritz W. Lürmann, Verwendung der Hochofengase zur unmittelbaren Krafterzeugung, in: Zeitschrift »Stahl und Eisen«, 15. März 1898, S. 247ff.

69)
Worsoe, Anm. 8, S. 55.

70)
Worsoe, Anm. 8, S. 55.

71)
Conrad Regenbogen, Der Dieselmotorenbau auf der Germaniawerft. Vortrag auf der Sommerversammlung der Schiffbautechnischen Gesellschaft in Kiel vom 4. bis 8. Juni 1912. Veröffentlicht im STG-Jahrbuch 1913, S. 6.

72)
Regenbogen, Anm. 71, S. 10 f.

73)
Kruppsche Monatshefte, Dezember 1928, S. 189, HA Krupp S1K23.

74)
Krupp Dieselmotoren, Herausgeber: Fried. Krupp AG, Essen, Essen o. J., S. 9, HA Krupp S3-MG1/78.

75)
100 Jahre Werk Friedrichsort, 1866–1966, Herausgeber MaK Maschinenbau Kiel, Kiel 1965, HA Krupp S1AW11.31.

76)
Kleine Chronik, 30 Jahre Erfahrungen im Nutzfahrzeugbau, HA Krupp S3StF1/4.

77)
Dietrich von Laßberg, Augsburger MAN-Dieselmotoren, Lizenzvergaben in den Jahren 1918 bis 1978, Anhang Tabelle 9, MAN-Archiv. Ende der vierziger Jahre hatte MAN in Frankreich als Lizenznehmer:
- Acieries du Nord, Paris (1932–1952)
- Atelier de Chantiers de Bretagne (seit 1931)
- Chantiers de l'Atlantique, Paris (1922–1962)
- Chantiers et Ateliers Augustin Normand, LeHavre (1931–1963)
- Soc. Générale de Constructions Mécaniques, LaCourneuve (1922–1950).

78)
Laßberg, Anm. 77, S. 167.

79)
Laßberg, Anm. 77, S. 107.

80)
Laßberg, Anm. 77, S. 107.

81)
vgl. Anm. 21.

82)
Note an Herrn Buz vom 25. April 1922 von »Abt. D«, keine Unterschrift, nur Kurzzeichen, MAN-Archiv.

83)
W. Laudahn, Abnahmeprüfung eines kompressorlosen MAN-Dieselmotors, in: Zeitschrift des Vereins deutscher Ingenieure, Nr. 40, 1925, Sonderdruck, MAN-Archiv.

84)
50 Jahre AEG, Berlin 1956, Technischer Teil, S. 422 ff, Herausgeber und Verlag AEG.

85)
Schreiben von Prof. Dr. jur. A. Welling an Dr. Gustav Goldbeck, vom 18. Mai 1965, KHD-Archiv.

86)
Gustav Goldbeck, Der Dieselmotorenbau in Deutz 1907–1937, Köln 1967, S. 36, KHD-Archiv.

87)
Zitiert nach Goldbeck, Anm. 86, S. 47.

88)
Drucksache D9713 »Schiffbau« vom 25.2.25, zitiert nach Goldbeck, Anm. 86, S. 50.

89)
E. Förster, 40 Jahre Dieselmotor, in: Werft, Reederei, Hafen, Heft 12, 1937, S. 192 ff.

90)
F. Achilles, Die Einführung der Diesel-Schiffsmaschine »System Hesselman« im deutschen Schiffsbau. Ausschnitt aus dem Nachlaß von Rudolf Diesel im Deutschen Museum München ohne Quellen- und Jahresangabe. Das Jahr ist aufgrund anderer Sachverhalte aus dem Text, mit 1913 zu ermitteln.

91)
Karl Zinner, Der Beitrag der MAN zur Entwicklung der Aufladung, in: MAN-Dieselmotoren-Nachrichten, Nr. 36, 1958.

92)
Karl Weber, Werden Diesel-Motoren durch Aufladung zusätzlich beansprucht? In: Hansa, 77. Jahrgang 1940, Nr. 49.

93)
Laßberg, Anm. 77, S. 163.

94)
H.K. Stockklausner, 50 Jahre Diesellokomotiven, Gesamtentwicklung 1913 bis 1945, Entwicklung seit 1945 in Europa, Basel und Stuttgart 1963.

95)
Diesel-elektrische Lokomotive für Russland. Druckschrift, herausgegeben von der Maschinenfabrik Augsburg-Nürnberg AG, Augsburg, o.J. Basis sind zwei Veröffentlichungen, die in der Druckschrift »in abgekürzter und teilweise richtiggestellter Form aus dem Organ für die Fortschritte des Eisenbahnwesens Heft 5 vom 15. März 1925« zusammengefaßt sind, MAN-Archiv.

96)
Der eigentliche Entwurf stammt von Georg V. Lomonossoff, der auch die russische Regierung bewegt haben soll, die Mittel zur Finanzierung von drei Diesellokomotiven bereitzustellen, vgl. Anm. 95.

97)
Hoecherl, Ernst, V140, Wegbereiter der dieselhydraulischen Großlokomotive, in: antriebstechnik, Heft 3, 1967.

98)
Hans Hanko, Über Antriebsarten der Eisenbahnen. Vortrag in der Sitzung des Wissenschaftlichen Vereins für Verkehrswesen e.V., Essen, vom 2. August 1951. Veröffentlicht als Heft 14 der Schriftenreihe des Wissenschaftlichen Vereins für Verkehrswesen e.V. Als Manuskript gedruckt.

99)
Schreiben vom 14. August 1926 an Herrn von Bohlen mit anhängender Kostenberechnung und einer zweiseitigen Darstellung über »Die Aussichten der Diesellokomotive«, Unterzeichner: Oesterlen, HA Krupp, FAH 4C90.

100)
General Motors Commemorates First Oil Burning Diesel, in: Diesel and Transportation, January, 1938, S. 47f.

101)
Rudolf Diesel, Theorie und Konstruktion eines rationellen Wärmemotors zum Ersatz der Dampfmaschinen und der heute bekannten Verbrennungsmotoren, Berlin 1893, S. 91.

102)
Zitiert nach Arnold Langen, Nicolaus August Otto, Der Schöpfer des Verbrennungsmotors, Stuttgart 1949, S. 21.

103)
Der Motorwagen, Zeitschrift des mitteleuropäischen Motorwagen-Vereins, 1898, zitiert nach Georg Strößner, Zur Früh-Entwicklung des Fahrzeug-Dieselmotors. Automobiltechnische Zeitschrift, Jahrgang 60 (1958), März.

104)
Kurt Schnauffer, Versuche zur Schaffung schnelllaufender Dieselmotoren für Fahrzeuge 1897–1907, (Band V), MAN-Archiv.

105)
Eugen Diesel, Rudolf Diesel, in: Vom Motor zum Auto, 3. Auflage 1968, S. 249.

106)
Die Entstehung des Fahrzeugdiesels, historisch gesehen, unter Berücksichtigung der Patente und Realisierungen, datiert: Paris, 22. Juli 1949, gezeichnet mit R. L'Orange, KHD-Archiv.

107)
Unklar bleibt das Fahrzeug insofern, als Rudolph L'Orange auch in einem Brief vom 31. Oktober 1948 an die belgische Vertretung der Motoren-Werke Mannheim AG für seinen Vater den Prioritätsanspruch erhebt, 1921 das erste serienmäßige Straßenfahrzeug mit Dieselantrieb geschaffen zu haben, und nennt das »Eiserne Pferd«, mit dem zweifelsfrei das MWM-Motorpferd gemeint ist, das jedoch nicht vor der Ausgliederung entstanden ist. MWM-Archiv.

108)
Entwicklungstechnische Geschichte der Motoren-Werke Mannheim (MWM), vormals Benz Abteilung stationärer Motorenbau, 1871 bis 1972, o. J., o.V., MWM-Archiv.

109
Erste Versuchsfahrt mit Rohölmotor von Benz, Mannheim, im 5 t Lastwagen (5 K 3) am 10. September 1923. Notiz vom 11. September 1923, Verfasser unleserlich, MB-Archiv. Vermutlich bei der Daimler-Motoren-Gesellschaft verfaßt, mit der ab 1924 eine Interessengemeinschaft bestand. Gänzlich anders werden die Aussagen des Versuchsberichtes interpretiert in: 30 Jahre Mercedes-Benz Diesel-Lastkraftwagen. Zur Geschichte des Fahrzeug-Dieselmotors. Herausgegeben von der Daimler-Benz AG, Stuttgart-Untertürkheim, 1953, S. 63 ff.

110)
Bruno Müller, Der neue Deutz-Leichtgewicht-Diesel-Lastwagenmotor, in: Last-Motor, Nr. 7, Wien, Oktober 1928.

111)
Der Personenwagen-Dieselmotor, Ut., Juli 1952, Unterschrift: Paul Siebertz, MB-Archiv.

112)
Lyle Cummins, Birth of the Diesel Dynasty, in: Diesel and Gas Turbine Publications, 50th Anniversary Supplement, Brookfield 1985 (July), S. 30. In anderen Publikationen werden teilweise Legenden um Busch gewoben. So wird behauptet: »He and Baron von Krupp were old friends.« Es hat nie einen Baron von Krupp gegeben. Im HA Krupp läßt sich auch kein Nachweis finden, daß irgendeine Beziehung zwischen Busch und Krupp bestanden hätte.

113)
Diesel Progress, May 1948, Sonderausgabe »A Fifty Year History and an Appraisal of the Present and Future of the Diesel Industry in America«, S. 284.

114)
40 Years of the American Diesel, o.V., in: Diesel Power, May 1938, S. 375.

115)
Diesel Progress, Anm. 113, S. 281.

116)
Diesel Power and Diesel Transportation, Volume 25, No. 5, May 1947, S. 68.

117)
Diesel Progress, Anm. 113, S. 285.

118)
In Diesel Progress, Anm. 71, S. 34. wird die Gründung der Gesellschaft mit dem 26. Januar 1911 angegeben. Eugen Diesel (vgl. Anm. 26, S. 335) erwähnt ein Telegramm von Adolphus Busch an Rudolf Diesel, mit dem am 31. Dezember 1910 ein Glückwunsch zur Gründung der neuen Gesellschaft ausgesprochen wurde. Im Gegensatz hierzu gibt Lyle Cummins im Supplement zur Zeitschrift Diesel & Gas Turbine, vom Juli 1985, die Gründung der Busch-Sulzer-Gesellschaft mit 1915 an.

119)
P.M. Heldt, High-Speed Diesel Engines, Nyack 1943, S. 11.

120)
Franz Schultz, Eine Rundreise durch die amerikanische Motorenindustrie. Vortrag auf der Mitgliederversammlung des Kölner Bezirksvereins Deutscher Ingenieure e.V., am 14. März 1923. Veröffentlicht in: Westdeutsche Technische Blätter vom 1. April 1923.

121)
Rudolf Diesel, Anm. 32.

122)
Technische Meilensteine des MAN-Konzerns, Herausgeber MAN AG, Augsburg 1990.

123)
vgl. Anm. 37.

124)
Krupp Dieselmotoren, Anm. 74, S. 13.

125)
Regenbogen, Anm. 71, S. 19.

126)
Georg Conrads, Entwicklung des Motorenbaus von 1939 bis 1989 und ihr Niederschlag in der Motortechnischen Zeitschrift. Diplom-Arbeit an der TH Hannover, 1989.

127)
In der Arbeit von Conrads, Anm. 126, wird der Begriff »thermischer Wirkungsgrad« benutzt. Nach heutigem Stand der Normung müßte es »induzierter Wirkungsgrad« oder »Innenwirkungsgrad« heißen. Auch der vom Verfasser benutzte Begriff Gesamtwirkungsgrad entspricht nicht der Norm. Danach müßte es »effektiver Wirkungsgrad« oder »Nutzwirkungsgrad« heißen (vgl. DIN 1940 von 1976).

128)
Dieser spezifische Verbrauch bezieht sich aus Gründen der Vergleichbarkeit auf die Standardausführung des Motors S 80 MC–C von MAN B & W Diesel, mit 800 mm Bohrung und 3056 mm Hub, ohne Nutzturbine. Unter Berücksichtigung der für diesen Motor vorgesehenen Nutzturbine liegt der spezifische Kraftstoffverbrauch im Bestwert bei 160 g/kWh und der Volllastverbrauch nur 2 g/kWh höher.

129)
Onno Syassen, Der konsequente Viertakt-Dieselmotor, in: MTZ Motortechnische Zeitschrift, Jahrgang 50, Heft 1 und 2, 1989.

130)
Onno Syassen, Der Dieselmotor, Für alle Zeiten die sparsamste Wärmekraftmaschine? Vortrag auf dem IFKO-Symposium 1989 in Hannover. Als Manuskript gedruckt, Hannover 1989.

131)
Franz F. Pischinger, Entwicklungsrichtungen in der Motorentechnik für 2001. Vortrag auf dem 12. Internationalen Wiener Motorensymposium am 25./26. April 1991.

132)
Bei Betrachtung einer CO_2-Kette werden nicht nur die Kohlendioxidemissionen berücksichtigt die beim Betrieb anfallen, sondern auch die bei der Herstellung des betreffenden Gerätes oder Fahrzeuges sowie die bei der Aufbereitung der zum Betrieb erforderlichen Energie auftretenden Emissionen.

133)
Franz F. Pischinger, Die Position des PKW-Dieselmotors als umweltverträglicher Antrieb, S. 16, Aachen 1992.

134)
vgl. Abschnitt »Wirkungsgrad und Kraftstoffverbrauch«, S. 91.

135)
Neuen Kraftstoffen auf der Spur, Alternative Kraftstoffe für Fahrzeuge. Herausgegeben vom Bundesministerium für Forschung und Technologie, Bonn 1974, S. 21ff.

136)
Hubert Hitziger, Forum der Meinungen, Thema: Nachwachsende Kraftstoffe, in: MTZ Motortechnische Zeitschrift, Jahrgang 53 (1992), Dezember, S. 565.

137)
DRP 67207, Berlin 1893.

Personenverzeichnis

Amundsen, Roald *(1872–1928)*
Norwegischer Polarforscher, erreichte 1911 als erster den Südpol und verunglückte 1928 auf einem Rettungsflug (vermißt).

Arendt, Dr. Martin Eduard
Mitglied des Aufsichtsrates der Allgemeinen Gesellschaft für Dieselmotoren AG.

Ballin, Albert *(1857–1918)*
Generaldirektor der Hamburg-Amerika-Linie.

Battenberg, Louis Alexander von *(1854–1921)*
Vice Admiral, Second Sea Lord der britischen Admiralität.

Benz, Carl *(1844–1929)*
Erfinder des Automobils, Gründer der Benz & Cie., Rheinische Gasmotoren-Fabrik AG, Mannheim, deren Bereich stationärer Motoren später in der Motoren-Werke Mannheim AG aufging.

Bing, Berthold *(1847–1915)*
Kaufmann, Hopfenhändler, an vielen Stellen als »Finanzmann« bezeichnet, Vermittler mehrerer Lizenz-Verträge für Diesel (z.B. mit Adolphus Busch, Aktiebolaget Diesels Motorer, Maschinenfabrik Ludwig Nobel), Teilhaber der Russischen Diesel Motor Co. Nürnberg u.a.

Brandis, Joachim *(1871–1914)*
Namensgeber für zwei Patente zum kompressorlosen Dieselmotor bei der Gasmotoren-Fabrik Deutz AG.

Brayton, George Bailey *(1839–1892)*
Erfinder des nach ihm benannten Motors, der zu den Vorläufern des Dieselmotors gerechnet wird (auch von Diesel selbst).

Bridgeman, Sir Francis
Admiral, 1912 First Sea Lord der britischen Admiralität.

Brons, J.
Erfinder des gleichnamigen Motors und Gründer der N.V. Appingedammer Brons-Motorenfabriek (1906).

Büchi, Dr. sc. techn. h.c. Alfred J. *(1879–1959)*
Schweizer Maschinenbauingenieur, entwickelte das nach ihm benannte System der Abgasturboaufladung (erstes Patent 1905).

Busch, Adolphus *(1839–1913)*
Lizenznehmer von Rudolf Diesel für USA und Kanada, Inhaber der Anheuser-Busch Brewing Association in St. Louis, Missouri.

Buz, Heinrich von *(1833–1918)*
Leiter der Maschinenfabrik Augsburg AG von 1864–1913 (Vorstandsvorsitzender), Förderer der Idee Diesels, von seinen Zeitgenossen als »Bismarck der deutschen Maschinenindustrie« bezeichnet. Wurde 1907 geadelt.

Capitaine, Emil
Deutscher Motorenkonstrukteur, dessen Konstruktionen von mehreren Unternehmen gebaut wurden. Er gehörte zu den Gegnern Diesels.

Carnot, Léonard Sadi *(1796–1832)*
Französischer Genieoffizier, beschrieb 1824 die physikalischen Zusammenhänge zur besten Nutzung der Wärme in einer Kraftmaschine (Carnot-Prozeß).

Churchill, Sir Winston *(1874–1965)*
Erster Lord der britischen Admiralität (Marineminister) und späterer Premierminister (1940–45 und 1951–55).

Clapeyron, Emile *(1792–1864)*
Lehrer an der Ecole Polytechnique. Sein »Mémoire sur la puissance motrice de la chaleur« enthält einen Hinweis auf die Bedeutung von Carnot.

Clausius, Rudolf *(1822–1888)*
Deutscher Physiker, Begründer der kinetischen Gastheorie, entdeckte den 2. Hauptsatz der Wärmelehre. Hat den Gedanken Carnots, ausgehend von einer Veröffentlichung Clapeyrons, in seine Arbeiten aufgenommen.

Cummins, Clessie L. *(1888–1968)*
Gründer des gleichnamigen Unternehmens, Pionier des schnellaufenden Dieselmotors in den USA.

Daimler, Gottlieb *(1834–1900)*
Technischer Direktor der Gasmotoren-Fabrik Deutz AG (Vorstandsmitglied), Gründer der Daimler-Motoren-Gesellschaft AG (1890), Vorläuferin der heutigen Daimler-Benz AG.

Diesel, Christian *(1857–1938)*
Vetter Rudolf Diesels. Mitbegründer der Diesel Motoren-Fabrik AG, Augsburg, und Mitglied des Aufsichtsrates.

Diesel, Dr. Eugen *(1889–1970)*
Schriftsteller, Sohn Rudolf Diesels und dessen Biograph.

Diesel, Rudolf *(1858–1913)*
Geboren in Paris, Studium an der TH München. Erfinder des nach ihm benannten Dieselmotors (Selbstzündung, 1897), der in Zusammenarbeit mit MAN und Krupp entwickelt wurde. Beteiligte sich im In- und Ausland an mehreren Unternehmen, die seinen Motor herstellten.

Dyckhoff, Frédéric *(1855–1910)*
Gebürtiger Schweizer, Maschinenfabrikant in Bar-le-Duc (Frankreich), gehörte zu den ersten Lizenznehmern Diesels. Er befaßte sich als erster eingehend mit Schiffsantrieben (DRP 107395 vom 25. April 1899, mit Krupp und MAN).

Eßlinger, Friedrich Wilhelm
Kaufmann in Germersheim. Teilhaber der offenen Handelsgesellschaft Benz & Cie., Rheinische Gasmotoren-Fabrik, Mannheim, bis 1890.

Fischer, Friedrich von
Teilhaber der offenen Handelsgesellschaft Benz & Cie., Rheinische Gasmotoren-Fabrik, Mannheim, ab 1890 und der späteren Aktiengesellschaft gleichen Namens.

Ganss, Julius
Teilhaber der offenen Handelsgesellschaft Benz & Cie., Rheinische Gasmotoren-Fabrik, Mannheim, ab 1890 und der späteren Aktiengesellschaft gleichen Namens.

Gerstle, August
Bankhaus Gerstle, Augsburg. Mitbegründer der Diesel Motoren-Fabrik AG, Augsburg, Mitglied des Aufsichtsrates.

Hargraeves *(1834–1915)*
Englischer Chemiker, Erfinder des nach ihm benannten Motors, der in der englischen Literatur als Vorläufer des Dieselmotors bezeichnet wird.

Haselwander, Friedrich August *(1859–1934)*
Erfinder des gleichnamigen Motors, hielt mehr als 20 Patente zur Technik des Verbrennungsmotors.

Hesselman, Knut Jonas Elias *(1877–1957)*
Schwedischer Ingenieur, zahlreiche Patente für Schiffsdieselmotoren, entwickelte Einspritzung und Umsteuerung.

Hoadley, Joseph H.
Inhaber der American and British Manufacturing Co. in Providence (USA).

Hodgson, Henry
Teilhaber von Scott & Hodgson, Hersteller schnellaufender Dampfmaschinen in Manchester, Präsident der Manchester Association of Engineers. Beteiligte sich an der Diesel Engine Company Ltd., London.

Jansen, Robert
Mitbegründer der Diesel Motoren-Fabrik AG, Augsburg, und Mitglied des Aufsichtsrates.

Junkers, Hugo *(1859–1935)*
Professor an der TH Aachen. Der Motorenbau war der Ausgangspunkt für die Ingenieurleistungen von Junkers. In seiner 1892 in Dessau gegründeten Forschungsanstalt nahm er neben Ent-

wicklungen an Großgasmotoren auch die Entwicklung von Dieselmotoren auf. Vergab im In- und Ausland Lizenzen für Dieselmotoren.

Klose, Adolf *(1844–1923)*
Oberbaurat, Eisenbahnfachmann. Entwickelte 1905/06 die erste Diesellokomotive, die in Zusammenarbeit mit Borsig (Gestell) und Sulzer (Motor) 1912 realisiert wurde.

Köhler, Otto
Lehrer an der Maschinenbauschule in Köln, bewies bereits 1887, daß der Carnot-Prozeß nicht ausführbar ist. Kritiker Diesels, der die Patente zu Fall bringen wollte. Wurde von der Maschinenfabrik Augsburg und Krupp auf Vorschlag von Diesel abgefunden.

L'Orange, Prosper *(1876–1939)*
Erfinder des Vorkammerverfahrens. Entwickelte diese Technik zunächst bei der Gasmotoren-Fabrik Deutz AG und später bei Benz. Vorstandsvorsitzender der Motoren-Werke Mannheim AG bis 1925. Danach eigene Aktivitäten im Bereich der Einspritztechnik.

Langen, Eugen *(1833–1895)*
Maschinenbauingenieur, Partner von Nicolaus August Otto. Gründete mit ihm 1864 die Firma N.A. Otto & Cie., älteste Vorläuferin der heutigen Klöckner-Humboldt-Deutz AG.

Linde, Professor Carl von *(1842–1934)*
Lehrer von Rudolf Diesel am Polytechnikum (später TH) München, gründete 1879 in Wiesbaden die Gesellschaft für Linde's Eismaschinen AG, wurde später geadelt.

Lüders, J.
Professor an der TH Aachen, Kritiker Diesels. Veröffentlichte nach anfänglicher Zustimmung (1893) später seine kritische Schrift »Der Dieselmythus« (1913).

Maybach, Karl *(1879–1960)*
Sohn Wilhelm Maybachs, technischer Direktor der Luftfahrzeug-Motorenbau GmbH (später Maybach-Motorenbau GmbH, heute MTU Motoren- und Turbinen-Union Friedrichshafen GmbH).

McKechnie, James
Technischer Direktor von Vickers Ltd., verwirklichte die Direkteinspritzung bei Dieselmotoren.

McPherson, J.D.
Schiffsingenieur, entwickelte bei der American Diesel Engine Company den »A«-Motor, bis 1912 der einzige Dieselmotorentyp in USA.

Nägel, Professor Dr.-Ing. A. *(1875–1939)*
TH Dresden, Kurator des VDI, Gutachter für den Motorenbau (z.B. beim Reichsgericht).

Nobel, Emanuel
Eigentümer der Maschinenfabrik Ludwig Nobel in St. Petersburg.

Oberhänsli
Schweizer Ingenieur, entwickelte ein Wirbelkammerverfahren.

Oppenheimer, Georg
Sollte für die Allgemeine Gesellschaft für Dieselmotoren AG die Nutzung der englischen Patente vermitteln.

Otto, Nicolaus August *(1832–1891)*
Kaufmann aus Holzhausen a.d. Haide. Erfinder des nach ihm benannten Ottomotors (Fremdzündung, 1876). Gründete 1864 mit Eugen Langen die Firma N.A. Otto & Cie. in Köln, Vorläuferin der heutigen Klöckner-Humboldt-Deutz AG.

Pemsel, Dr. Hermann
Aufsichtsratsmitglied der Allgemeinen Gesellschaft für Dieselmotoren AG.

Pielstick, Gustav *(1890–1961)*
Chefkonstrukteur für Großmotoren bei MAN von 1919 bis 1945, später technischer Leiter der SEMT Pielstick in Frankreich.

Pirrie, William James Baron *(1847–1924)*
Schiffbauer, Teilhaber und Vorstandsvorsitzender (Chairman) der Werft Harland & Wolff, Belfast.

Proposto, Cesidio Del
Italienischer Ingenieur, nach dem ein System zur Umsteuerung bei Schiffsantrieben benannt wurde (vgl. DRP 147927 vom 4. April 1903).

Riedler, Professor Dr. Alois *(1850–1936)*
TH München, Aachen und Charlottenburg. Kritiker Diesels.

Rochas, Alphonse-Eugén Beau de *(1815–1893)*
Ingenieur in der Zentralverwaltung der französichen Südbahn, hat als erster das Viertaktverfahren beschrieben.

Rose, Max Caspar
Kaufmann in Mannheim. Teilhaber der Offenen Handelsgesellschaft Benz & Cie., Rheinische Gasmotoren-Fabrik, Mannheim, bis 1890.

Rothschild, Lord
Teilhaber der Diesel Engine Company Ltd.

Schnürle, Dr.-Ing. Adolf
Entwickelte in den dreißiger Jahren Umkehrspülverfahren für Zweitaktmotoren, die großen Einfluß auf die weitere Entwicklung der Ottomotoren für Motorräder und Kraftfahrzeuge hatten. Leitete bei Klöckner-Humboldt-Deutz die Entwicklung der Diesel-Flugmotoren.

Schröter, Professor Dr. Moritz *(1851–1925)*
Lehrer für theoretische Maschinenlehre an der TH München, Berichterstatter über die Versuche am zweiten Versuchsmotor bei der Maschinenfabrik Augsburg vom 17. Februar 1897.

Schwarz, Carl Theodor *(1854–1925)*
Bankier, bis 1905 in der Bank P.C. Bonnet tätig, später Direktor der Bayerischen Diskonto- und Wechselbank AG, Mitbegründer der Diesel Motoren-Fabrik AG, Augsburg, und Vorsitzender des Aufsichtsrates.

Scott, Charles
Ingenieur, Teilhaber von Scott & Hodgson, Hersteller schnellaufender Dampfmaschinen. Beteiligte sich an der Diesel Engine Company Ltd., London.

Söhnlein, Julius
Ingenieur, wird zu den Vorläufern Diesels gezählt.

Stuart, Herbert Akroyd *(1864–1927)*
Erfinder des Akroydmotors. Akroyd war der Mädchenname seiner Mutter.

Wallenberg, Marcus
Schwedischer Bankier, Teilhaber der Aktiebolaget Diesels Motorer, Stockholm und der Russischen Diesel Motor Co. Nürnberg.

Quellen- und Literaturverzeichnis

Wichtige ungedruckte Quellen, die jedoch in vervielfältigter Form in den Archiven zur Verfügung stehen, sind als Fundstelle unter Darstellungen aufgenommen worden. Eine besondere Rolle spielen dabei die in den fünfziger Jahren von Kurt Schnauffer zusammengestellten »Texte zur Geschichte des Deutschen Verbrennungsmotorenbaues«, die Grundlage für die Herausgabe der »Geschichte des Deutschen Verbrennungsmotorenbaues von 1860 bis 1918« von Friedrich Sass waren. Bedauerlicherweise standen sie nur in drei Archiven zur Verfügung. Beiträge aus Zeitschriften sind hier nur aufgenommen worden, soweit sie weiterführende Angaben enthalten.

Archive und Sammlungen

Deutsches Museum, München
Bibliothek, Sondersammlungen
(DM München)

Klöckner-Humboldt-Deutz AG, Köln
KHD-Unternehmensarchiv
(KHD-Archiv)

Fried. Krupp AG, Essen
Historisches Archiv
(HA Krupp)

MAN Aktiengesellschaft, Augsburg
Historisches Archiv
(MAN-Archiv)

Mercedes-Benz AG, Stuttgart
Museum-Archiv
(MB-Archiv)

Motoren-Werke Mannheim AG, Mannheim
Archiv
(MWM-Archiv)

MTU Motoren- und Turbinen-Union
Friedrichshafen GmbH, Friedrichshafen
Historisches Zentralarchiv
(MTU-Archiv)

Darstellungen

A Fifty Year History and an Appraisal of the Present and Future of the Diesel Industry in America

Sonderausgabe der Zeitschrift Diesel Progress
New York, May 1948
Verfasser der Beiträge ist John W. Anderson

ARAL Verkehrstaschenbuch, Stichworte zu Erdöl und Mineralölprodukten,

Bochum Ausgabe 1992/93

Barth, Friedrich,
Die zweckmäßigste Betriebskraft
Sammlung Göschen

Barthel, Manfred; Lingnau, Gerold,
100 Jahre Daimler-Benz,
Die Technik

Mainz, 1986

Büchi, Alfred J.,
Ueber die Entwicklungs-Etappen der Büchi-Abgasturboaufladung
in: Schweizerische Bauzeitung, Nr. 16, 17 und 18, 1952

Chronik der Mercedes-Benz Fahrzeuge und Motoren
5. erweiterte Auflage
Herausgegeben von der Daimler-Benz AG

Stuttgart-Untertürkheim, 1972/73

Conrads, Georg,
Entwicklung des Motorenbaus von 1939 bis 1989 und ihr Niederschlag in der Motortechnischen Zeitschrift

Diplom-Arbeit am Institut für Kolbenmaschinen der Technischen Hochschule Hannover

Hannover, 1989

Cummins, Lyle,
Birth of the Diesel Dynasty
in: Diesel and Gas Turbine Publications, 50th Anniversary Supplement,
Brookfield, 1985

Der Fischer Weltalmanach,
Zahlen Daten Fakten '92

Frankfurt, 1991

Deutsche Schiffs-Dieselmotoren

Zusammengestellt und bearbeitet von den Deutschen Verlagswerken Strauss, Vetter & Co.,

Berlin, 1935

Diesel, Eugen,
Diesel,
Der Mensch, das Werk, das Schicksal

Stuttgart, 1948

Diesel, Eugen,
Erfindung und Priorität
Vervielfältigtes Manuskript eines Vortrags vom 27. April 1951 vor dem Hamburger Bezirksverein des VDI, o. O., 1951

Diesel, Eugen; Goldbeck, Gustav; Schildberger, Friedrich,
Vom Motor zum Auto,
Fünf Männer und ihr Werk

Stuttgart, 1957

Diesel, Rudolf,
Die Entstehung des Dieselmotors

Berlin, 1913

Diesel, Rudolf,
Überblick über den heutigen Stand des Baues von Dieselmotoren und dessen Bedeutung für die Weltindustrie im allgemeinen und die englische Industrie im besonderen
in: Der Ölmotor, No. 1, 1912

Diesel, Rudolf,
Theorie und Konstruktion eines rationellen Wärmemotors zum Ersatz der Dampfmaschinen und der heute bekannten Verbrennungsmotoren

Berlin, 1893

30 Jahre Mercedes-Benz Diesel-Lastwagen
Zur Geschichte des Fahrzeug-Dieselmotors
Herausgegeben von der Daimler-Benz AG

Stuttgart-Untertürkheim, 1953

Erinnerungen,
1909–1984, Motorenbau in Friedrichshafen
Herausgegeben von der MTU Motoren- und Turbinen-Union Friedrichshafen GmbH

Friedrichshafen, 1984

50 Jahre AEG
Herausgeber und Verlag: AEG
Als Manuskript gedruckt

Berlin, 1956

Gersdorff, Kyrill von; Grasmann, Kurt,
Flugmotoren und Strahltriebwerke

München, 1981

Goldbeck, Gustav,
Gebändigte Kraft, Die Geschichte der Erfindung des Otto-Motors

München, 1965

Goldbeck, Gustav,
Kraft für die Welt,
1864–1964, Klöckner-Humboldt-Deutz AG

Düsseldorf, Wien, 1964

Hanko, Hans,
Über Antriebsarten der Eisenbahnen
Schriftenreihe des Wissenschaftlichen Vereins für Verkehrswesen e.V. in Essen, Heft 14
Als Manuskript gedruckt

o. O. o. J.

Heldt, P.M.,
High-Speed Diesel Engines
Vierte Auflage

Nyack, N.Y., 1943 (1932)

Hugo Junkers,
Pionier der industriellen Forschung
Festschrift der Hugo Junkers-Gesellschaft zur Enthüllung der Junkers-Büste im Ehrensaal des Deutschen Museums München am 6. Mai 1968.
Herausgegeben von: Hugo Junkers-Gesellschaft e.V., Köln

Köln, 1968

Langen, Arnold,
Lebenserinnerungen
KHD-Unternehmensarchiv
Gekürzte Fassung
(Original im Besitz der Familie Langen)
Unveröffentlichtes Manuskript

Langen, Arnold,
Nicolaus August Otto, Der Schöpfer des Verbrennungsmotors

Stuttgart 1949

Laßberg, Dietrich von,
Augsburger MAN-Dieselmotoren,
Lizenzvergaben in den Jahren 1918 bis 1978
Historisches Archiv, MAN Augsburg
Unveröffentlichtes Manuskript

Augsburg, 1979

L'Orange, Prosper,
Ein Beitrag zur Entwicklung der kompressorlosen Dieselmotoren

Berlin, 1934

Lürmann, Fritz W.,
Verwendung der Hochofengase zur unmittelbaren Krafterzeugung
in: Stahl und Eisen, 15. März 1898

Owen, Keith; Coley, Trevor,
Automotive Fuels Handbook
Herausgeber: Society of Automotive Engineers, Inc.

Warrendale, o.J.

Regenbogen, Conrad,
Der Dieselmotorenbau auf der Germaniawerft
Vortrag auf der Sommerversammlung der Schiffbautechnischen Gesellschaft (STG) vom 4. bis 8. Juni 1912 in Kiel
Jahrbuch der Schiffbautechnischen Gesellschaft
Vierzehnter Band 1913

Berlin, 1913

Reuß, Hans-Jürgen,
Nicolaus August Otto

Köln, 1979

Sass, Friedrich,
Geschichte des Deutschen Verbrennungsmotorenbaues von 1860 bis 1918

Berlin, 1962

Schnauffer, Kurt,
Die Erfindung des Dieselmotors - Triumph einer Theorie
in: MAN-Dieselmotoren-Nachrichten,
Nr. 36, 1958

Schnauffer, Kurt,
Zur Entwicklung der kompressorlosen Dieselmotoren
in: MTZ Motortechnische Zeitschrift, Jahrgang 19 (1958) Nr. 3

Schnauffer, Kurt,
Texte zur Geschichte des Deutschen Verbrennungsmotorenbaues
Zusammengestellt im Auftrag der Arbeitsgemeinschaft für die Geschichte des Deutschen Verbrennungsmotorenbaues in den Archiven von
– Klöckner-Humboldt-Deutz AG,
– Maschinenfabrik Augsburg-Nürnberg AG
– Motoren-Werke Mannheim AG
Unveröffentlichte Quellen der Archive

Köln, Augsburg, Mannheim, 1954

Stockklausner, H. K.,
50 Jahre Diesellokomotiven,
Gesamtentwicklung 1913 bis 1945,
Entwicklung seit 1945 in Europa

Basel und Stuttgart, 1963

Strößner, Georg,
Zur Früh-Entwicklung des Fahrzeug-Dieselmotors
in: Automobiltechnische Zeitschrift, Jahrgang 60 (1958), März

Syassen, Onno,
Der konsequente Viertakt-Dieselmotor
in: MTZ Motortechnische Zeitschrift, Jahrgang 50 (1989), Heft 1 und 2

Three Sticks Bamboo . . . ,
The Story of the First EAC Motor Ships
Herausgeber: The East Asiatic Company Ltd.

Copenhagen, 1991

Weber, Wolfhard,
Erdölhandel und Erdölverarbeitung an der Unterweser 1860–1895
Veröffentlichung aus dem Staatsarchiv der Freien Hansestadt Bremen, Band 35

Bremen, 1968

Worsoe, Wilhelm,
Die Mitarbeit der Werke Fried. Krupp an der Entstehung des Dieselmotors in den Jahren 1893/97 und an der Anfangs-Entwicklung in den Jahren 1897/99
Vervielfält. Manuskript. HA Krupp, WA 7f 1066, Kiel, 1933 (1940)

Zinner, Karl,
Der Beitrag der MAN zur Entwicklung der Aufladung
in: MAN-Dieselmotoren-Nachrichten, Nr. 36, 1958

Dieselmotorenkennzahlen im Vergleich 1939/1989				
Kennzahlen	Jahr	Langsamläufer Drehzahl < 200/min	Mittelschnelläufer Drehzahl 200...900/min	Schnelläufer Drehzahl > 900/min
Zylinderleistung	1939	um 750 kW	um 125 kW	um 40 kW
	1989	um 3750 kW	um 1300 kW	um 360 kW
Leistungsgewicht	1939	um 90 kg/kW	20...80 kg/kW	5...10 kg/kW
	1989	um 40 kg/kW	8...22 kg/kW	2...3 kg/kw
Kraftstoffverbrauch	1939	um 220 g/kWh	um 230 g/kWh	230...250 g/kWh
	1989	160...170 g/kWh	um 170 g/kWh	200...230 g/kWh
Wirkungsgrad (thermisch)	1939	um 37%	> 35%	35...37%
	1989	um 54%	um 50%	39...41%
Quelle: Georg Conrads, Entwicklung des Motorenbaus von 1939 bis 1989				

Internationale Dieselmotorenproduktion bis 1913					
Nach einer Aufstellung aus dem Nachlaß von Rudolf Diesel im Deutschen Museum in München über gelieferte und bestellte Motoren					
Land	PS	%	Land	PS	%
Amerika	83000	4,8	Italien	70000	4,0
Belgien	162000	9,4	Niederlande	1000	0,6
Dänemark	20000	1,2	Österreich-Ungarn	94000	5,5
Deutschland	774000	45	Rußland	146000	8,5
Frankreich	17000	1,0	Schweden	60000	3,5
Großbritannien	63000	3,7	Schweiz	220000	12,8
Quelle: Deutsches Museum, München			Summe	1719000	100,0

MAN-Dieselmotorenproduktion bis zum Auslauf der Patente Rudolf Diesels

	Augsburg		Nürnberg		MAN gesamt	
Jahr	Stück	PS	Stück	PS	Stück	PS
1898	5	230	–	–	5	230
1899	4	95	–	–	4	95
1900	7	255	–	–	7	255
1901	17	830	–	–	17	830
1902	81	2981	–	–	81	2981
1903	144	6786	–	–	144	6786
1904	169	10300	–	–	169	10300
1905	173	11388	14	595	187	11983
1906	176	14919	19	800	195	15719
1907	146	15614	44	2645	190	18259
1908	176	21226	27	1830	203	23056

Quelle: MAN-Archiv

MAN-Dieselmotorenproduktion einschließlich Lizenznehmer von 1898 bis 1988

Angaben in kW	Eigene Fertigung	Lizenzfertigung
Augsburger MAN-Motoren	20 743 184	28 544 702
Motoren von Burmeister & Wain, einschließlich Holeby und Alpha	11 379 507	62 995 385
Nürnberger MAN-Motoren	110 363 165	55 982 853
Gesamte Fertigung aller Gesellschaften, Werke und Lizenznehmer	142 485 856	147 522 940

Leistung aller Motoren: 290 008 796 kW

Quelle: MAN-Archiv

Dieselmotorenproduktion für Schiffshauptantriebe in der Bundesrepublik Deutschland von 1981 bis 1991

	Jahr	1981	1982	1983	1984	1985	1986	1987	1988	1989	1990	1991
Motoren über 500 kW	Stück	704	860	761	736	776	762	759	824	1047	1279	1357
	1000 kW	1248	1531	1322	1045	1040	1054	1132	1136	1179	1505	1764
Summe aller Motoren	Stück	2118	2152	1777	1726	1815	1789	2379	1766	2245	2416	2591
	1000 kW	1499	1764	1546	1234	1256	1291	1407	1373	1501	1828	2111

Quelle: VDMA-Statistik 1992

Schiffsdieselmotorenproduktion in Japan 1981 bis 1990

Motorengröße	Jahr	1981	1982	1983	1984	1985	1986	1987	1988	1989	1990
Großmotoren über 7350 kW	Stück	305	258	194	240	192	163	116	94	112	156
	1000 kW	3567	2742	2005	2537	2278	2137	1554	1323	1524	2173
Mittelmotoren 735...7350 kW	Stück	1277	1180	1361	1388	1237	938	1003	1057	1068	1019
	1000 kW	2198	2090	2356	2816	2343	1488	1265	1486	1584	1518
Zwischensumme Mittel- und Großmotoren	Stück	1582	1438	1555	1628	1429	1101	1119	1151	1180	1175
	1000 kW	5765	4832	4361	5353	4621	3625	2819	2809	3108	3691
Kleinmotoren unter 735 kW	Stück	46273	36278	38873	37671	32161	31046	31684	32960	29965	31928
	1000 kW	8243	7329	7948	7948	6796	5801	5175	5559	5678	6687
Summe aller Motoren	Stück	47855	37716	40428	39299	33590	32147	32803	34111	31145	33103
	1000 kW	14008	12161	12309	13301	11417	9426	7994	8368	8786	10378

Quelle: JSMEA – Japanese Marine Equipment Association 1992

Industrie- und Schiffsdieselmotorenproduktion der Bundesrepublik Deutschland von 1966 bis 1983						
Jahr	Industriemotoren*)			Schiffshauptantriebe		
	Stück	kW	TDM	Stück	kW	TDM
1966	112518	3547424	474288	2104	1244275	354838
1967	102995	3938288	464390	1857	1358496	328394
1968	103578	5970073	485049	1775	1006651	223089
1969	171144	5886188	650315	1952	1338938	267824
1970	169885	6161522	677176	2148	1289598	294914
1971	64203	4656671	544230	2098	1392324	326963
1972	53983	4583307	559253	1901	1289459	334349
1973	64555	5171807	579778	2104	1244275	354838
1974	96905	7529736	799743	3034	1703188	409948
1975	180794	8368276	1206069	3509	1717407	467023
1976	149826	7772693	1171663	2485	1867066	619237
1977	166015	8152854	1271219	2171	1868902	638081
1978	188202	9421396	1464679	2363	1539093	537551
1979	209405	10393413	1607775	1941	1597370	495722
1980	207206	9394184	1448062	2189	1983022	694832
1981	210272	10606827	1831925	2118	1570960	564447
1982	191278	10686834	2026876	2152	1769003	724476
1983	161096	9366279	1739579	1777	1545888	666007
1984	177952	9629410	1707339	1726	1234251	501448
1985	180319	9330938	1694233	1815	1256277	475152
1986	172856	8841986	1630660	1789	1290595	511773
1987	156367	7381299	1299880	2379	1406642	531365
1988	185081	9229788	1544730	1766	1373383	505086
1989	207384	10314057	1797758	2245	1501554	441658
1990	191770	10208288	1821209	2418	1827740	618240
1991	189033	10512454	1822557	2591	2110960	855662

*) ohne Motoren für Ackerschlepper, Lokomotiven oder andere Schienenfahrzeuge, Kraftfahrzeuge, jedoch einschließlich Motoren für Schiffshilfsantriebe

Quelle: VDMA-Statistik 1992

Personen- und Sachregister